住房城乡建设部土建类学科专业"十三五"规划教材

高等学校风景园林（景观学）专业推荐教材

风景园林实践教育

Landscape Architecture Practical Education

李瑞冬　编著

刘滨谊　主审

中国建筑工业出版社

图书在版编目（CIP）数据

风景园林实践教育 =Landscape Architecture
Practical Education/ 李瑞冬编著；刘滨谊主审．—
北京：中国建筑工业出版社，2021.12
住房城乡建设部土建类学科专业"十三五"规划教材
高等学校风景园林（景观学）专业推荐教材
ISBN 978-7-112-26630-2

Ⅰ．①风… Ⅱ．①李…②刘… Ⅲ．①园林设计－高
等学校－教材 Ⅳ．① TU986.2

中国版本图书馆 CIP 数据核字（2021）第 192385 号

责任编辑：杨 琪 杨 虹
文字编辑：柏铭泽
责任校对：李欣慰

欢迎扫码查看本书数字资源。

住房城乡建设部土建类学科专业"十三五"规划教材
高等学校风景园林（景观学）专业推荐教材

风景园林实践教育
Landscape Architecture Practical Education
李瑞冬 编著
刘滨谊 主审

*

中国建筑工业出版社出版、发行（北京海淀三里河路9号）
各地新华书店、建筑书店经销
北京雅盈中佳图文设计公司制版
北京京华铭诚工贸有限公司印刷

*

开本：787毫米×1092毫米 1/16 印张：$11\frac{1}{2}$ 字数：229千字
2022年1月第一版 2022年1月第一次印刷
定价：49.00元
ISBN 978-7-112-26630-2
（38171）

前　言

实践教育是巩固理论知识和加深对理论认识的有效途径，是培养具有创新意识与高素质工程技术人员的重要环节，是理论联系实际、培养学生掌握科学方法和提高动手能力、提升学生素养和形成正确价值观的核心学习过程。

作为专业教育的主线，风景园林实践教育与理论教育、课程设计并驾齐驱，共同形成专业的教育体系。风景园林专业的实践教育，可帮助学生在实践中了解风景园林从资源保护、规划设计到建设管理多层面的类型和特征；进一步加深对风景园林的相关理论的认识与理解；全面培养学生在真实工作环境中的各项专业技能；提升学生表达、交流、报告写作、科研、自主学习，以及专业道德养成等各方面的专业素养。

本教材着眼当前高校教育改革和新工科的发展，针对目前开设风景园林专业本科院校在实践教育方面普遍存在的问题，填补在该课程教材建设方面的空缺。本教材以教学知识体系构成为主线，在编写上以学生的"学"为站位，从学生对专业教育的学习规律出发，关注学生的学习获得。根据工科风景园林专业的毕业要求与核心内容，本教材以进阶式教学阶段进行划分，将风景园林专业实践教育分为认知型、理解型、应用型、综合型及拓展型五大类，分别从教学目标与任务、教学内容分解、教学学程安排、教学考核及案例解析等层面进行阐述，进而从类型、建设标准与发展趋向等层面论述实践教学基地作为实践教育核心载体的建设问题，以期形成符合风景园林学科构成与专业实践教育组织规律、具有一定标准性，且可根据开办院校自身特色而进行调整的专业教材。

本教材所选用的实践案例成果均为学生的原稿，在此仅进行编排整理，对其中内容包括文字表述、图纸表达等均未作修改，从中可以看到在不同学习阶段，学生对专业的进阶式认知，也可读出不同个体之间的差异，更可看出不同阶段学生在语言表达、行文组织、图形表达、技术应用等方面的学习获得。

该教材的编写是对笔者多年来从事专业教育研究、教学管理及一线教学工作的整理与总结，也是对风景园林学科及其专业教育的进一步系统学习。由于笔者水平与客观条件所限，本书在诸多方面存在的疏漏、不足乃至失误在所难免，恳请各界学者、专家及读者给予批评指正。

本教材的完成，无论从立项、编写和成型都受到了刘滨谊教授、韩锋教授、金云峰教授及同济大学景观学系同仁的鼓励与支持，在案例编选方面，胡玎、陈静、沈洁、许晓青、杨晨等老师以及吴昀眙、陈梦璇、霍钧资、李裕、张馨元、苏榆茜等同学给予了大力帮助和相当的支持，在此谨表谢意。

同时，衷心感谢本教材各类参考文献的单位与作者。

目 录

第1章

概 述

高等教育发展新变化
风景园林实践教育的现状
风景园林实践教育的意义

1.1 高等教育发展新变化

1.1.1 新工科的发展

"新工科"这一概念自 2016 年提出后，先后奏响了"复旦共识""天大行动""北京指南"新工科建设的"三部曲"。

2017 年 2 月，教育部在复旦大学召开了高等工程教育发展战略研讨会，与会高校对新时期工程人才培养进行了热烈讨论，共同探讨了新工科的内涵特征、新工科建设与发展的路径选择，并达成了以下共识，简称"复旦共识"：

①我国高等工程教育改革发展已经站在新的历史起点；

②世界高等工程教育面临新机遇、新挑战；

③我国高校要加快建设和发展新工科；

④工科优势高校要对工程科技创新和产业创新发挥主体作用；

⑤综合性高校要对催生新技术和孕育新产业发挥引领作用；

⑥地方高校要对区域经济发展和产业转型升级发挥支撑作用；

⑦新工科建设需要政府部门大力支持；

⑧新工科建设需要社会力量积极参与；

⑨新工科建设需要借鉴国际经验、加强国际合作；

⑩新工科建设需要加强研究和实践。

2017 年 4 月，教育部在天津大学召开新工科建设研讨会，60 余所高校共商新工科建设的愿景与行动。与会院校代表一致认为，培养造就一大批多样化、创新型卓越工程科技人才，为我国产业发展和国际竞争提供智力和人才支撑，既是当务之急，也是长远之策。

该次会议提出，到 2020 年，探索形成新工科建设模式，主动适应新技术、新产业、新经济发展；到 2030 年，形成中国特色、世界一流工程教育体系，有力支撑国家创新发展；到 2050 年，形成领跑全球工程教育的中国模式，建成工程教育强国，成为世界工程创新中心和人才高地，为实现中华民族伟大复兴的中国梦奠定坚实基础。为此目标，将致力于以下行动，简称"天大行动"：

①探索建立工科发展新范式；

②问产业需求建专业，构建工科专业新结构；

③问技术发展改内容，更新工程人才知识体系；

④问学生志趣变方法，创新工程教育方式与手段；

⑤问学校主体推改革，探索新工科自主发展、自我激励机制；

⑥问内外资源创条件，打造工程教育开放融合新生态；

⑦问国际前沿立标准，增强工程教育国际竞争力。

2017 年 6 月，教育部在北京召开新工科研究与实践专家组成立暨第一次工作会议，全面启动、系统部署新工科建设。30 余位来自高校、企业和研究机构的专家深入研讨新工业革命带来的时代新机遇、聚焦国家新需求、谋划工程教育新发展，审议通过《新工科研究与实践项目指南》，提出如下新工科建设指导意见，简称"北京指南"：

①明确目标要求；

②更加注重理念引领；

③更加注重结构优化；

④更加注重模式创新；

⑤更加注重质量保障；

⑥更加注重分类发展；

⑦形成一批示范成果。

2019 年 4 月，教育部、中央政法委、科技部、工业和信息化部、财政部、农业农村部、卫生健康委、中科院、社科院、工程院、林草局、中医药局、中国科协在天津联合召开"六卓越一拔尖"计划 2.0 启动大会。会议强调，要深入学习贯彻习近平新时代中国特色社会主义思想，全面贯彻落实全国教育大会精神，按照《加快推进教育现代化实施方案（2018—2022 年)》要求，全面实施"六卓越一拔尖"计划 2.0，发展新工科、新医科、新农科、新文科，打赢全面振兴本科教育攻坚战。[①]

2009 年，教育部启动实施系列卓越拔尖人才教育培养计划，为经济社会发展提供了有力的人才支撑。启动实施"六卓越一拔尖"计划 2.0，由"单兵作战"转向"集体发力"，标志着高等教育改革发展走向成型成熟，中国高等教育从跟随、跟跑转到部分领域并跑、领跑，是新时代中国高等教育写好"奋进之笔"的一次"质量革命"。

教育部要求，高教战线要把"六卓越一拔尖"计划 2.0 作为新时代全面振兴本科教育、打造高等教育"质量中国"的战略一招、关键一招、创新一招，真正把高等教育的质量立起来。

（1）立足新时代，强化担当意识，紧紧扭住"两个根本"，牢牢把握"提高质量、推进公平"两大时代命题，真正担当起教育是国之大计、党之大计的新时代责任。

（2）面向新变革，强化战略思维，加快布局未来战略必争领域的人才培养，推动并引领新一轮产业变革。

（3）创造新模式，强化创新精神，大力发展新工科、新医科、新农科、新文科，建设高水平本科教育。

---

① 教育部."六卓越一拔尖"计划 2.0 名动大会召开：掀起高教质量革命　助力打造质量中国 [EB/OL].
教育部　政务,（2019-04-29）. http://moe.gov.cn/jyb_xwfb/gzbt/moe_1485/201904/t20190429_38009.html.

（4）提升新内涵，强化质量效果，把人才培养的质量和效果作为检验高校办学水平的根本标准。

为此，中国工程教育专业认证协会印发了《工程教育认证通用标准解读及使用指南》(2018) 版，并于 2020 年修订印发了《工程教育认证通用标准解读及使用指南》(2020)版。同济大学风景园林专业 2019 年以该标准为基准通过教学评估，成为自 2011 年成立风景园林一级学科以来全国第一个通过本科教学评估的院校。

对比"六卓越一拔尖"计划 2.0 与以往的本科专业教学，其具有如下三个方面的核心特点。

（1）培养模式上，强调行业与企业对培养的深度参与，即进行校企合作进行人才培养。

（2）培养计划上，强调培养人才的标准性，即要求各高校按通用标准和行业标准培养工程人才。无论是"卓越计划"中倡导的加入《华盛顿协议》，还是与以法国、德国为代表的欧洲一体化教育体系的对接，均需根据一定的人才标准制定相应的培养计划。

（3）在培养目标上，强调以能力培养为主线，重点培养学生的工程能力和创新能力。即对教育的考核目标由教育输入向教育产出的转变，也就是从考核"教育输入"（教师教什么）转向考核"教育产出"（学生学到什么）。从《华盛顿协议》要求工程专业的本科毕业生具备沟通能力、合作能力、专业知识技能、终身学习能力及健全的世界观和责任感等来看，"能力"将是高校培养卓越工程师的主要目标导向。这也是"卓越工程师教育培养计划"中要求培养造就一大批创新能力强、适应经济社会发展需要的高质量各类型工程技术人才的最基本需求。

风景园林专业作为新工科中的一员，其专业教育应基于新工科的发展目标而开展。

1.1.2　斯坦福大学 2025 计划

2018 年，《斯坦福大学 2025 计划》在以设计思维（Design Thinking）理论著称的斯坦福大学设计学院（D. School）牵头下正式启动，这次教育改革改变了以往自上而下的方式，代之以学生为主导。与其说《斯坦福大学 2025 计划》是一个方案，不如说它是一个对未来大学模式进行畅想的大胆设计。

1. 开环大学（Open-loop University）

开环大学（Open-loop University）是《斯坦福大学 2025 计划》中最关键的计划之一。

该计划创新性地废除了入学年龄的限制，17 岁前的天才少年、进入职场的中年以及退休后的老人都可以入学。这是区别于传统闭环大学（18 ～ 22 岁学生入学，并在 4 年内完成本科学业）的最主要一点。另外一个鲜明的特色是延长了学习时间，由以往连续的 4 年延长到一生中任意加起来的 6 年，时间可以自由安排。

开环大学中的学生很有可能是处于各个年龄段以及从事不同工作的一群人，他们可能是天真的孩子，也可能是富有经验的长者。因此，开环大学形成了独特的混合学生校园，打破了年龄结构。学生之间更容易建立起合作、强劲与持久的社会网络。同时，这种开环也意味着斯坦福大学的入学申请将更具有竞争压力，有限的入学名额将在背景各异、年龄不同的申请者中产生。

2. 自定节奏的教育（Paced Education）

自定节奏的教育（Paced Education）是其具体的教学执行策略，该策略旨在促进学术探索，提升学科的内在严谨性，学生可以根据个人意愿按照自己的节奏来完成各阶段的学习。在传统大学中，本科生一般按照一到四或五年级划分，而《斯坦福大学 2025 计划》决定打破这种教学模式，代之以"CEA"——调整（Calibrate）、提升（Elevate）和激活（Activate）三个阶段。

第一个阶段：调整（Calibrate，6 ~ 18 个月）

学生应该知道怎样才能最好地学习。调整期提供短期（1 ~ 7 天）由教员精心设计的微课程。通过微课程的学习，学生可以了解不同领域以及教师的不同特长，了解不同的学习模式以及职业规划轨迹，进而根据自身喜好、自制力以及学习习惯等来选择学习的时长（6 ~ 18 个月），从而找到学习的差距，建立学习自信。

教师起初会提供短期的课程，快速地培养学生对教学与实践的兴趣。这些课程还允许教授更广泛地接触学生，以便能够识别并培养出最适合在某领域成为专业人才的学生。

第二个阶段：提升（Elevate，12 ~ 24 个月）

该阶段将带领学生进入一个专门领域，对待专业知识的严谨态度是此阶段培养的关键所在。学生开始组建个人顾问委员会，包括学术导师、个人导师以及高年级同学和信任的伙伴。在 2018 年时，个人顾问委员逐渐取代其他形式的学术咨询。

提升阶段对于教师与学生来说都十分重要，斯坦福大学将取消大型的演讲教室，代之以小型的学术讨论空间，从而形成有助于教师与学生深度互动的混合环境，帮助学生获得成就。

第三个阶段：激活（Activate，12 ~ 18 个月）

在学习了如何获得深度的专业知识后，学生需要将知识转化到诸如实习、项目服务、高水平研究和创业等实际应用活动之中。

3. 轴翻转（Axis Flip）教育理念

轴翻转（Axis Flip）的含义是要将"先知识后能力"反转为"先能力后知识"，能力成为斯坦福大学学生本科学习的基础。也就是说，改变传统大学中按照知识来划分不同院系归属的方法，根据学生的不同能力进行划分，重新建构院系。

《斯坦福大学 2025 计划》提出，到 2024 年，斯坦福大学商学院将推出 10 个建立在本科生能力之上的教学中心，并分别任命中心负责人来负责开发交叉学科的课程，每个中心负责人都将成为斯坦福大学的组织结构及其架构的核心。这 10 个中心包括科学分析、定量推理、社会调查、道德推理、审美解读、沟通有效性等等。

在对学生的考察和考核方面，斯坦福大学也进行了改革。学生的成绩单已经不再是一张回顾性的"大数据"记录——花了多少时间在哪个知识点上，而是一个实时、动态的"竞争力状态"清单，展示了学生正在学习什么、学会了什么、技能处于什么层级……

通过这种独特的、展现"当下技能值"的方式，学生更有可能找到心仪的用人单位，而用人单位借助这样的能力数据，也能更精准地遴选出与单位需求相匹配的人选。届时，那些多才多艺和具有快速学习与适应能力的斯坦福大学毕业生，将更有可能被招募到行业前沿的公司和组织。

传统教育理念是将特定专业的知识作为学生毕业的评判标准，而能力则是第二位的。相比之下，轴翻转教育理念则是将能力发展作为教育的基础。

在传统教育中：

①本科教育是围绕着学科主题而展开的；

②大学的系别是基于学术领域而划分的；

③成绩单和简历是向用人单位表达自己的学识与才识的。

未来的轴翻转教育则强调：

①本科教育用来确保和培养能力获取模式的达成；

②学校按照能力俱乐部划分，并配有相应的主管；

③能力记录可以传递更广泛的才能与潜质。

而能力的获得更多需要实践去产生，因此《斯坦福大学 2025 计划》将给我们的专业教育尤其是实践教育带来较大的影响，具有积极的借鉴意义。

1.2　风景园林实践教育的现状

1.2.1　开设现状

根据教育部高等学校建筑类专业教学指导委员会风景园林专业教学指导分委员会关于《风景园林专业高校实习环节基本情况调研报告（2020 版）》，从内容上划分，以开设院校的数量从多到少降序排列，风景园林实习实践基本上可分为如下类型（表 1-1）。

其中开设较多的实习类型为综合类、专业发展类、园林植物类、美术类、设计类、测绘类、专业认知类及工程类等实习实践，基本上反映了风景园林专

表1-1 目前国内开设风景园林专业院校本科阶段实习统计表

序号	内容类别	名称
1	综合类	南方综合设计、北方综合实习等综合性专业实习实践
2	专业发展类	风景园林师实务、企业实习和与就业相关的毕业设计
3	园林植物类	植物学、植物识别、树木学、花卉学等实习实践
4	美术类	素描、色彩等美学基础教学相关的写生、采风等实践教学
5	设计类	对设计方法、规划设计课程的相关实习实践
6	测绘类	对古建筑、园林等的实地测绘、测量实习实践
7	专业认知类	对风景园林、园林等专业的认知、认识进行实习实践
8	工程类	园林工程相关的实习实践
9	生产类	生产实习
10	调研类	涉及各类调研、考察、调查的实习实践
11	生态类	与生态学相关的实习实践
12	创新创业类	创新创业实践
13	模型制作类	制作建筑、风景园林设计模型
14	技术类	如景观水文与技术实习
15	其他类	个别院校开设的具有特色的实习实践,或针对专业、课程而设置的实习实践

业的标准与特点。

1.2.2 样板院校的开设情况

通过对北京林业大学、重庆大学、东北林业大学、东南大学、南京林业大学、天津大学及同济大学7所开设风景园林专业本科样板院校的调研,结果可以看出,在专业实践教育方面,虽然实习课程类型与开设方式具有一定差异,但基本均开设美术、园林认知、园林植物、园林工程、风景园林规划设计、单位实习、毕业设计等专业实践教育类型(表1-2、表1-3),而在开设方式上可以分为课程辅助式与独立集中式两种模式。

表1-2 国内开设风景园林专业部分院校专业实践教育统计表

学校	实践教育课程												
北京林业大学	测量与遥感	园林生态与环境	园林植物应用设计	园林花卉学	园林树木学	园林植物景观规划	风景园林北方综合实习	风景园林南方综合实习	毕业论文(设计)				
东北林业大学	园林植物基础实习	美术实践	园林树木学实习	园林花卉学实习	风景园林小型空间设计实践	风景园林建筑设计初步实践	风景园林工程实践	植物景观规划设计实践	风景园林规划与设计实践	城乡绿地系统规划实践	风景园林技能实训	风景园林综合实践	风景园林综合实习	毕业设计(论文)

续表

学校	实践教育课程											
东南大学（2017版）	认识实习	视觉设计实习	课外实践	快速设计强化训练	工程实践（企业）	工程实践	园林测绘	毕业设计				
重庆大学	美术实习	古典园林参观	植物生态调查	设计院实习	毕业实习	毕业设计						
南京林业大学（2016版）	风景写生	风景园林植物学实习	园林工程实习	风景园林综合考察（北方）	风景园林综合考察（南方）	设计初步与表现能力实践	风景园林规划设计实践	园林规划设计(2)实践	古典园林设计实践	风景园林综合实训	毕业设计	欧美风景园林考察	社会实践
天津大学（2018版）| 北方园林实习	美术实习	园林建筑测绘实习	风景园林综合实习	设计软件实习	施工图实习	毕业设计实习	毕业设计（论文）| 建筑设计基础训练	建筑设计训练	风景园林规划设计训练		
同济大学（2017版）| 艺术造型实习	景观与园林认识实习	景观环境测绘实习	创新能力拓展项目	景观规划设计综合实践	园林植物认知实习	园林工程认知实习	景观设计课程实践	景观详细规划课程实践	景观总体规划课程实践	毕业设计		

注：表格中标灰者为结合课程设置的实践环节。

表1-3 国内开设风景园林专业部分院校专业实践教育分析表

学校名称/必修实践课程	美术实习	园林认知实习	环境测绘实习	园林植物实习	园林工程实习	风景园林规划设计实践	南/北方园林实习	设计单位实习	毕业论文（设计）
北京林业大学			✓	✓			✓		✓
同济大学 2017版	✓	✓	✓	✓	✓	✓		✓	✓
东南大学 2017版		✓	✓	✓			✓	✓	✓
南京林业大学 2016版	✓		✓	✓		✓	✓	✓	✓
天津大学 2018版	✓		✓	✓	✓		✓	✓	✓
东北林业大学	✓			✓	✓		✓	✓	✓
重庆大学	✓		✓				✓	✓	✓

注：表格中标灰者为结合课程设置的实践环节。

1.2.3 特点及存在的普遍问题

《风景园林专业高校实习环节基本情况调研报告（2020版）》总结，当前国内风景园林专业实践教育具有重点突出，特色鲜明；综合为主，强调专业认知；倡导创新，注重实务等反映风景园林本科专业对综合性、在地性和实践性要求较高的特点。但也更多地总结和分析了目前专业实践教育在如下6个方面的问题（表1-4）。

表1-4　当前风景园林专业实践教育存在的普遍问题一览表

层面	存在问题
政策制度	校企资源利用不充分 教学工作评定制度有待完善 学生课时分配与教学计划安排有待优化 实践实习管理体系有待健全 财务报销制度有待优化 政策制定未充分考虑专业特色等问题
师资力量	负责实践教学的师资不足 现有教师指导能力水平差异较大 企业导师参与程度不高 双师型师资力量有待进一步加强
教学内容	内容单一，灵活性与创新性不足 学生参与的效果难以保障 客观条件限制教学内容安排 教学内容系统性不足
实习实践基地	校企融合度不高 基地建设与利用水平低 实习实践教学基地少 实习实践基地的运营管理存在困难 基地建设受地理位置局限影响大
教材建设	缺少有针对性的教材，选择性低 教材编写进程慢，难度大 教材更新慢，与实践脱节
其他	后勤保障滞后 地域与交通局限性大，跨地实习实践交通组织及食宿保障制度需完善

上述在政策制度、师资力量、教学内容、实习实践基地、教材建设等方面的问题与不足是目前开设风景园林本科专业院校在实践教育方面存在的普遍现象。结合同济大学多年的实习、实践教学，由于实习时间、场所、形式等方面的原因，在具体实践教育操作中仍需在如下方面得以强化。

1. 实践教育目标的标准化势在必行

由于实习题目、实习单位、指导教师等的不同，对于学生个体，虽然基本上达到了实践教育预设的目标，但由于教育目标标准化的缺失，从群体上讲，存在实践教育内容杂、题目跨度大、空间尺度广、规划设计成果参差不齐等问题，学生整体能力和综合素质无法体现。为此，需要通过对实践教育标准化目标的确立来弥补上述不足。

2. 教学模式的多元化需要倡导

目前的附属或集中式实习实践，由于学生分工不同或参与的实践项目的阶段不同，学生的实习训练普遍存在片段化倾向，与教学大纲中希望通过实习实践对学生进行全过程训练的目标存在较大差距。

由于"卓越计划"在培养模式上，更加强调校企的合作培养。对应风景园林本科专业实践教学，需要在教学模式的多元化方面进行积极探索。随着与企业（如各类风景园林设计院、设计公司、工程建设单位、实践基地等）的不同合作培养模式的出现，未来风景园林本科教学可形成 3+1+1（3 年在校教学 +1 年企业教学 +1 年在校教学），3+2（3 年在校教学 +2 年校企合作教学），4+2（4 年在校教学 +2 年校企合作教学可取得硕士学位）等多元化的教学模式，从而改变目前多数在暑期进行实习实践这种相对单一的教学模式，在时间上保证学生在实际工程项目中参与的广度和深度。

3. 教学方法体系的主题化需要强化

为了培养风景园林本科学生的工程能力和创新能力，使之成为能够认证的卓越工程师，就需要从"知""行"两个层面培养学生从认知到思维，从操作到交流、组织与管理风景园林工程实践的全过程能力。为此，实践教学在方法上需采用以主题或项目进行教学实践的形式，通过确立的主题或项目，配合教学内容模块，通过全过程的训练来培养学生的工程能力和创新能力。目前在实践教学过程中，仍然存在主题薄弱、项目分散、课题研究的前期调研与分析倾向明显等问题，需要在今后大力加强和改进。

4. 实践教学总结与交流需要加强

由于受实践教育时间和空间等方面的制约，目前存在有分无合的现象，实习报告流水化与报账式倾向严重。学生个人与个人、组与组、老师与老师等方面的沟通与交流仍待加强，对实践教学的经验与教训也缺少总结，无法形成风景园林本科专业实践教育"主线贯穿、循环修正、阶段改进、螺旋上升"的微观评估机制。

5. "双师型"师资队伍建设机制需要建立

目前在实践教学中，往往存在教师缺少风景园林规划设计经验，缺少对风景园林法规、工程技术规范的了解，而实习基地与实践单位指导人员又缺乏教学经验，缺少对教学计划的全过程了解，从而使得实践教学成果与预期目标存在一定差距。随着"卓越计划"的推行，需要建立"双师型"（既是教师又是风景园林工程师）的师资队伍建设机制。一方面需要在校教师加强风景园林实际工程的实践，也需要引进或邀请在风景园林规划设计部门、建设部门、监理部门、管理部门、维护部门等主持或从事过一定风景园林建设项目，且经验丰富的实践人才成为师资队伍的主要组成部分。而当风景园林师注册制度推行时，更应形成高校与规划设计单位的师资交流和轮换制度，以确保风景园林卓越工程师计划的实施。

1.3 风景园林实践教育的意义

1.3.1 风景园林专业的毕业要求

根据中国工程教育专业认证协会秘书处关于《工程教育认证标准解读及使用指南》（2020 版）的要求，各专业必须有明确、公开、可衡量，且能支撑培养目标达成的毕业要求，在广度上应能完全覆盖包含工程知识、问题分析、设计／开发解决方案等在内的 12 项标准要求所涉及的内容，描述的学生能力在程度上应不低于 12 项标准的基本要求。结合风景园林专业的内涵、特征、学制等，其本科毕业要求可分解为如下指标，并与相关的理论与实践课程相对应（表 1-5）。

表 1-5　风景园林专业本科毕业要求分解指标表

序号	毕业要求	分解指标项	对应的课程类型	
			理论课程	实践课程
1	要求 1：工程知识	1-1 能够将数学、自然科学、人文科学、工程基础、专业知识及相关知识用于解决风景园林的工程问题	自然与人文类、语言与应用类、信息与技术类、人类与艺术类等通识教育课程；设计基础与概论、风景园林原理与规划设计、风景园林工程与技术、风景园林政策与法规等基础与专业类课程	风景园林空间认知、风景园林工程认知等实践课程
		1-2 掌握风景园林的基础理论与知识，风景园林通用技术体系及规划设计能力		
		1-3 掌握风景园林规划设计的一般程序与方法		
		1-4 通过工程技术类课程学习，了解风景园林工程的内容组成、特性及其规划设计方法，理解风景园林规划设计的工程性和实践性		
2	要求 2：问题分析	2-1 掌握发现问题、分析问题的基本原理及方法	风景园林规划设计课程及以此为基础开展的平台和专业支撑课程	风景园林调研、分析、规划设计等实践课程
		2-2 掌握风景园林资源保护、规划设计、建设管理的基本理论与方法，能通过信息采集与处理、分析与研究来识别、判断风景园林工程的关键性问题		
		2-3 能运用基本原理，分析问题解决过程中的影响因素，并论证解决方案的合理性		
3	要求 3：设计／开发解决方案	3-1 掌握风景园林规划设计基础及相关基本知识点、掌握风景园林规划设计的基本理论与实践操作方法	信息与技术类、语言与艺术类等相关通识课程；风景园林规划设计主线课程	风景园林相关综合实践，学科竞赛、夏令营、创新创业等个性创新实践
		3-2 具有能针对设计目标与需求，提出系统化风景园林规划设计策略与技术路线，并进行优选的能力		

续表

序号	毕业要求	分解指标项	对应的课程类型	
			理论课程	实践课程
3	要求3：设计/开发解决方案	3-3 能综合应用所掌握的理论知识，进行从基础调研、分析研究、策略制定、规划设计、文件编制、图纸绘制、成果表达等风景园林规划设计全过程的能力	信息与技术类、语言与艺术类等相关通识课程；风景园林规划设计主线课程	风景园林相关综合实践，学科竞赛、夏令营、创新创业等个性创新实践
		3-4 具有规划设计理论与方法的综合应用能力及设计创新能力		
4	要求4：研究	4-1 掌握以风景园林规划设计为核心风景园林、规划、建筑三位一体的专业知识，风景园林从设计基础、概论、原理到工程应用的相关知识	专业理论课程主体，平台与专业支撑课程为辅助	风景园林主题式的相关专业实践
		4-2 熟悉风景园林历史、社会、经济、政策、文化等的相关知识		
		4-3 掌握国内外风景园林学科发展趋势和前沿的知识		
		4-4 有能力对风景园林相关课题进行分析、研判，并提出一定的解决策略		
5	要求5：使用现代工具	5-1 能够书面、口头、模型、图片及媒体或其他信息方式与手段表达规划设计意图和成果	科学与数学类、信息与技术类等通识教育课程；计算机辅助设计、遥感与GIS、数字景观、仿真模拟、参数化设计等技术类平台与专业支撑课程；风景园林规划设计主线课程	风景园林空间测绘类的专业实践课程
		5-2 掌握必要的专业设计、图形软件基本知识和技能，并使用这些专业软件对规划设计进行分析、绘图及文件编制等		
		5-3 学习通过现代实验室手段进行规划设计及其研究		
6	要求6：工程与社会	6-1 具备通过参与实习实践，将所学基础理论、专业知识和基本技能综合运用于专业实践，形成一定的实际工作能力	哲学与法学类、自然与人文类通识教育课程	专业实践课程为主，相关平台与专业理论课程衍生的课程实践为辅
		6-2 在实习实践中培养独立从事风景园林资源保护、规划设计、建设管理的能力，增强对于实际工程项目的认知能力		
		6-3 能够适应现场工作，具备与他人合作工作的能力，并理解承担工作的责任		
7	要求7：环境和可持续发展	7-1 充分认识风景园林学科与专业对自然生态、人文历史、环境及社会可持续发展的影响	哲学与法学类、自然与人文类通识教育课程；相关政策法规规范等平台与专业支撑课程	风景园林实际工程的参观、调研、分析、评价等实践
		7-2 熟悉风景园林资源保护、环境保护的相关法律法规		
		7-3 能对专业领域内各类系统及工程实践进行评价，并判断其对生态环境的不良影响		
		7-4 从本学科的相关专业知识出发，能够理解和评价针对复杂工程问题的专业工程实践对于自然生态、环境方面的影响，自觉在设计实践中加以综合运用		
8	要求8：职业规范	8-1 具有"以大自然的良性存在为最终依据"的专业自然观，尊重和延续自然文化遗产的专业价值观	哲学与法学类、自然与人文类通识教育课程；平台与专业理论课程中相关职业素养教育部分、规划设计课程	涵盖所有实习实践课程

续表

序号	毕业要求	分解指标项	对应的课程类型	
			理论课程	实践课程
8	要求8：职业规范	8-2 具有维护环境的可持续发展，"为人类和其他栖息者提供良好的生活质量"和"风景园林守护者"的专业使命感	哲学与法学类、自然与人文类通识教育课程；平台与专业理论课程中相关职业素养教育部分、规划设计课程	涵盖所有实习实践课程
		8-3 遵守敬业、诚信的职业规范、遵守公平公正的职业道德、维护职业的尊严和品质		
		8-4 坚守理想的专业追求		
9	要求9：个人和团队	9-1 具有团队合作精神或意识	规划设计类课程的小组合作项目	实践课程与个性创新课程等的个人与团队合作
		9-2 能够在多学科背景下的团队中承担个体、团队成员以及负责人的角色，培养团队合作精神		
10	要求10：沟通	10-1 能够在规划设计实践中与业界同行、建设方、施工方及社会公众等进行有效沟通和交流，包括基地调查分析、撰写报告和规划设计文稿、陈述发言、清晰表达或回应指令	语言与应用类通识教育课程；规划设计课程、实践课程和个性创新课程为主，平台与专业理论课程课堂讨论及作业为辅	个体或团体实习实践的交流、总结等
		10-2 具备国际视野，富于创新精神，具备可持续发展的环境保护与文化传承意识、健康的社会交往能力		
		10-3 具有一定的外语应用能力		
11	要求11：项目管理	11-1 了解与熟悉一定的风景园林资源保护与利用、规划与设计、建设与管理的政策、法规、规范及行业标准的基本内容	工程经济、风景园林工程与技术类理论课程等	结合课程的辅助专业实践课程、综合实习实践
		11-2 具有各种类型、各种尺度风景园林空间建造基本的施工配合、实施、监理、经济及管理控制能力		
		11-3 具有对风景园林资源、规划设计、建设，以及使用与维护基本的管理能力		
12	要求12：终身学习	12-1 树立建构主义哲学理念，能认识不断探索和学习的必要性，具有自主学习和终身学习的意识	各类课程，主要应体现在教学方法上，如采用启发式、引导式、讨论式等教学方法	涵盖所有实习实践课程的全过程
		12-2 具备终身学习的基础知识，掌握自主学习的方法，了解拓展知识和能力的途径		
		12-3 能针对个人和职业发展的需求，采用合适的方法，自主学习，培养在专业领域不断学习和适应发展的能力		

1.3.2　实践的本质

冬夜读书示子聿

[南宋] 陆游

古人学问无遗力，少壮工夫老始成。

纸上得来终觉浅，绝知此事要躬行。

南宋诗人陆游晚年的这首七言绝句哲理诗，体现了其深邃的教育思想理念，道出了实践的重要性。

1845 年，马克思就提出了检验真理的标准问题："人的思维是否具有客观的真理性，这并不是一个理论的问题，而是一个实践的问题。人应该在实践中证明自己思维的真理性，即自己思维的现实性和力量，亦即自己思维的此岸性。关于离开实践的思维是否具有现实性的争论，是一个纯粹经院哲学的问题。"① 该论述非常清楚地告诉我们，一个理论，是否正确反映了客观实际，是不是真理，只能靠社会实践来检验。这是马克思主义认识论的一个基本原理。

1963 年 11 月，毛泽东在修订《在战争与和平问题上的两条路线——五评苏共中央的公开信》② 中，加注了"社会实践是检验真理的唯一标准"的论述。

1978 年 5 月 11 日，《光明日报》发表该报特约评论员文章《实践是检验真理的唯一标准》，③ 由此引发了一场关于真理标准问题的大讨论。文章指出，检验真理的标准只能是社会实践，理论与实践的统一是马克思主义的一个最基本的原则，任何理论都要不断接受实践的检验。这场讨论冲破了"两个凡是"的严重束缚，推动了全国性的马克思主义思想解放运动，是中国共产党第十一届中央委员会第三次全体会议实现中华人民共和国成立以来中国共产党历史上具有深远意义的伟大转折的思想先导，为中国共产党重新确立马克思主义思想路线、政治路线和组织路线，做了重要的理论准备。随后，"实践是检验真理的唯一标准"成为我们认知世界的基本共识。

2012 年，《教育部等部门关于进一步加强高校实践育人工作的若干意见》（教思政〔2012〕1 号），提出了就进一步加强新形势下高校实践育人工作，从意义、总体规划、教学环节、教学方法、育人队伍、学生主动性、实践基地、教学经费、考核管理、舆论导向等多个方面对高等院校的实践教育提出了要求，并规定理工农医类本科专业不少于 25% 的要求。

1.3.3　风景园林实践教育的意义

实践教育是巩固理论知识和加深对理论认识的有效途径，是培养具有创新意识与高素质工程技术人员的重要环节，是理论联系实际、培养学生掌握科学方法和提高动手能力、提升学生素养和形成正确价值观的核心学习过程。

作为人居环境科学的三大支柱之一，风景园林学是一门建立在广泛的自然科学和人文艺术学科基础上的应用学科，核心是协调人与自然的关系，具有交

① 贾英健. 马克思关于《关于费尔巴哈的提纲》解读 [OL]. 共产党员网. http : //xuexi.12371. cn/2014/10/13/VIDA1413168016954920.shtml.
② 人民日报编辑部，红旗杂志编辑部. 在战争与和平问题上的两条路线——五评苏共中央的公开信 [N]. 文汇报，1963-11-19.
③ 发表《实践是检验真理的唯一标准》[OL]. 光明日报网上报史馆. https : //www.gmw.cn/history/ 2009-06/01/content_933695.htm.

叉性高、综合性强、涵盖范畴广等特点，其需要融合工、理、农、文、管理学等不同门类的知识，以资源保护、景观生态、空间与形态营造和风景园林美学等为基础理论，交替运用逻辑思维和形象思维，综合应用包含资源与环境、规划与设计、建设与管理、工程与经济、生态与社会、人文与艺术等多学科的技术与艺术手段，具有强烈的以工科为主，多学科融合的特性。

而纵观历史，中国古代流传下来的典籍，除了《园冶》《长物志》《洛阳名园记》《花镜》等专门的风景园林理论著作，以及文学、画论等有关园林的描述外，不同时间、不同地域的古典园林建设基本上就是一部实践的历史。

工科风景园林的实践教育，从教学目标的达成上具有如下几方面的意义：

（1）通过实习实践，让学生在实践中了解和理解风景园林的相关理论，风景园林的要素组成、空间特征、自然与文化机理以及风景园林项目建设的主要操作流程等。

（2）通过不同分组、不同单位、不同人员指导等，让学生在实践中了解风景园林从资源保护、规划设计到建设管理多层面的类型和特征。

（3）学以致用，让学生在真实工作环境的实践中进一步理解与体会风景园林的理论，并能将其在实践中得以应用，达成对学生专业能力的培养目标。

（4）提高和提升学生设计、绘图、口头表达、交流、新技术应用、报告写作、人际相处等方面的能力和素养。

第2章
风景园林实践教育的类型

目前大部分高等院校，在实践教育方面，从教学组织形式上可分为如下几种形式，见表 2-1。

表 2-1　高等教育中实践教育组织形式表

类型	特征	风景园林专业实践教育
课程式	即在理论课程开辟一定量的课内或课外实践，多以课程单元的形式开展教学活动	如花卉学、树木学、园林植物等课程认知实习环节，以及在理论课程中包含的各类风景园林参观、调研、认知、现场考察等教学环节
附属式	通过主课＋实践课的形式组成，以实践课程辅助主课的推进，补充主课在课时、时间等方面的不足	如同济大学开设的诸如景观设计实践、景观详细规划实践、景观总体规划实践、园林工程认知实习等1、2学分的系列独立实践课程，以辅助景观设计、景观详细规划、景观总体规划及园林工程技术等主课的教学
独立式	主要体现为集中式的实习实践	如于暑期开展集中式风景园林南北方综合实习、规划设计综合实习、单位实习及毕业设计等
分散式	课外实践、社会服务、各类竞赛等学生自主选择的多类型课外实习实践	如国家创新项目、地方创新项目、风景园林大学生设计竞赛等

从教学时序上看，按照学生获取知识、培养能力等的规律，当学生由高中进入大学，由普通教育转入高等教育，在本科阶段对专业知识和技能的学习一般均会经历认知、理解、应用、综合等四个学习阶段。而不同阶段的教学目标、内容、方法及组织形式等也会有所差别，为此对应到风景园林专业实践教育，可分为认知型、理解型、应用型及综合型四大类别，而各种拓展类的实践则贯穿高等教育的全过程，具体如图 2-1，表 2-2 所示。

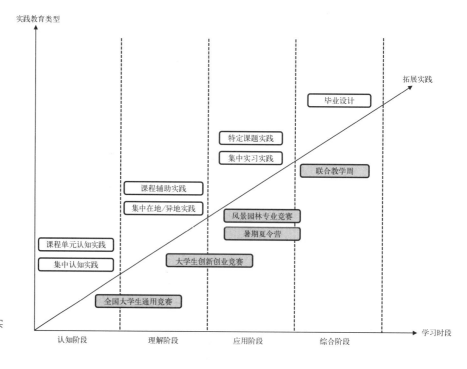

图 2-1　风景园林专业实践教育类型图

表 2-2　风景园林专业教育类型划分表

类型	教学目的	教学形式
认知型	以课程、专业相关知识点、专业全貌的认知、理解与转化为主。学生在学习专业概论知识的同时，通过对风景园林组成要素、实体空间、从业范畴、未来工作环境等的现场认知，增加学生对专业的感性认识，培养学生对专业学习的兴趣，确立其学业规划	以结合课程单元开展为主，也可集中式设置，如一定时长的各类风景园林认知实习，包括在地传统园林、建筑附属景观、公园绿地、风景名胜等空间类型的认知实习；园林建筑、植物、就业发展等的专业认知实习
理解型	通过对在地或异地风景园林现场环境的踏勘、写生、测绘，或观摩学习优秀的风景园林规划与设计，或针对不良风景园林实体空间进行审视与评判，通过第一现场的互动教学，使学生掌握基本的风景园林环境空间尺度，使学生建构对风景园林空间的感知，了解风景园林组成元素的特征与图解表达、风景园林组成元素的组合与综合，以及对风景园林空间的建设、使用、管理分析，为后续的专业学习打下坚实基础	以辅助式或集中式为主，如风景园林南北方综合实习、风景园林空间测绘实习、园林工程认知实习、植物生态调查实习等
应用型	以所学知识、技能的应用转化为主。通过于真实工作环境与空间下的实习实践，培养学生对多尺度、多属性风景园林空间的规划设计能力，锻炼学生观察问题、分析问题、解决问题的能力	多以集中式、课题型进行教学活动的开展，如风景园林规划设计实践、风景园林综合实习与实训、单位实习工程实践等
综合型	通过真实课题，对学生进行全面而综合的专业训练，培养学生处理风景园林规划设计问题的综合能力	多以毕业设计形式开展，如各高校开展的自主毕业设计、高校联合毕业设计、校企合作的毕业设计等
拓展型	作为培养大学生创新、创业思维的主要途径，通过所学专业和相关专业，以及跨学科、跨院校不同类型的拓展实践，培养大学生的国际视野、世界观、价值观、合作精神等综合能力与素质	多以课外分散的形式开展，可贯穿本科教育的全过程，如"挑战杯"全国大学生科技学术竞赛、大学生创新创业竞赛、国内国际各类风景园林专业竞赛、暑期夏令营、联合教学周等

第3章
风景园林专业实践教育的目标与内容

专业实践教育的目标
专业实践教育的内容

3.1 专业实践教育的目标

3.1.1 教学目标的建构范式

高等教育的教学目标是指在一定阶段内（如本科的 4 年或 5 年）对教学活动的领域、项目及所能达到的层次和结果等的预期规划，是对国家高等教育目的、学科及专业培养目标的具体落实。

根据教育学博士李宝强的研究，教学目标体系是一个多维共生的复杂立体结构。其将教学目标体系的建构总结为时序建构范式、层次建构范式、领域建构范式、职能建构范式和结果建构范式等五种经典范式（李宝强，2007）。

从这五个教学目标体系的建构范式来看，时序建构范式主要来源于我国 2500 年前的教育著作《学记》提出的"小成""大成"阶段教育论，通过对学习过程与时间的划分，形成以学期目标、学年目标、阶段目标为构成元素的目标体系。

层次建构范式则是根据教学内部结构的上下层次关系和从属关系，形成以学校、学科、专业、单元、课时等层次元素组成的教学目标体系。

领域建构范式主要体现了美国教育学家本杰明·S. 布卢姆（B. S. Bloom）的教育目标分类思想，布卢姆将教学目标体系分为认知、情感和动作技能三大领域，并进而将认知领域分为知识、理解、运用、分析、综合、评价六个亚领域；其追随者大卫·B. 克拉斯沃尔（D. B. Krathwohl）将情感领域分为接受、反应、评价、组织、品格五个亚领域；其后 A. 迪恩. 豪恩斯坦（A. Dean Hauenstein）又将情感领域分为接受、反应、形成价值（评价）、信奉、展露个性五个亚领域；追随者 E.J. 辛普森（E. J. Simpson）将动作技能领域分为知觉作用、心向作用、引导反应、机械反应、复杂反应、技能调适、创作表现七个亚领域。该范式解剖了人类的学习行为，从基础教育转向高等教育中的专业教育，学生的学习行为基本上遵循了这个规律。

职能建构范式产生于苏联教学理论专家尤里·巴班斯基（Юрий Констинович Бабанский）教学过程最优化思想。其构想了一个由教学过程必须执行的教养、教育和发展三大职能组成的简明实用的教学目标体系：其中教养的目标包括掌握科学知识、培养专业的和一般的学习技能和技巧；教育的目标包括形成学生的世界观，形成他们道德的、劳动的、审美的和伦理的观念、观点和信念，形成他们在社会中相应的行为方式和活动方式，形成他们的理想、态度和需要的系统，以及进行体格锻炼等；发展的目标包括发展一般的学习技能技巧，发展学习意志和毅力，发展学生的情感，发展学生的学习兴趣等。该范式为教师提供了简约务实的教学任务分配模式，从而形成最优化的教学过程。

结果建构范式源于美国教育心理学家罗伯特·M.加涅（Robert M. Gagnè），其认为，学生通过学习所获得的应该是成果，教学主要是由教师确定好让学生获得什么样的教学目标，促使学生获得预期的学习结果。加涅根据学习结果亦即习得的能力倾向性的改变，形成了由心智技能（包括鉴别、概念、规则和高级规则）、认知策略（用来指导自己注意、学习、记忆和思维）、言语信息（即能表达观念或语言技能）、动作技能（包括简单的、较复杂的和更复杂的动作技能）、态度（一种影响和调节行动的内部状态）等组成的完整的教学目标体系。新工科与"六卓越一拔尖计划2.0"在培养目标上强调的"教育产出"（学生学到什么）更多是基于该范式。

3.1.2 风景园林专业实践教育目标

根据《中华人民共和国高等教育法》第16条规定："本科教育应当使学生比较系统地掌握本学科、专业必需的基础理论、基本知识，掌握本专业必要的基本技能、方法和相关知识，具有从事本专业实际工作和研究工作的初步能力。"这就从法律上确定了本科教学的职能目标和结果目标。

根据风景园林教育宪章，风景园林的教育应以风景营造为主线，以与取得职业资格或职业实践准入的对接为目标，明确了风景园林专业教育的职能目标和结果目标。

从教学目标的最终结果来看，本科教学目标就是在本科学习阶段内学生的知识面能达到何种广度和深度，能力达到何种高度，素质/人格达到何种层次。

为此，风景园林的专业实践教育目标应以不同教学阶段划分的时序建构为基础，以风景园林营造为主线，知识、能力、素质/人格的获得为职能与结果，形成多维的教学目标体系。

1.实践教育的知识获取目标

经济合作与发展组织（Organization for Economic Co-operation and Development，简称OECD）提出知识经济时代对知识新的定义，其认为知识有四种，第一是关于事实的知识（Know What），第二是关于原理的知识（Know Why），第三是关于技能的知识（Know How），第四是要知道人力的知识（Know Who），即谁有知识，谁有什么知识，这是知识经济发展中最重要的，就是人力资源的知识。

对应于本科教学的不同学习阶段与学习时序，风景园林本科专业实践教育在知识获取层面应建立如下目标（表3-1）。

2.实践教育的能力获得目标

高等教育的"能力"要素培养可分为"知"（或曰"思"）与"行"两方面，"知"指认知能力与思维能力，其中认知能力包括观察、记忆、识别、选择、辨别、判断、评价等能力；思维能力包括诸如想象、联想、感知、描述、创造等形象思维能力与诸如分析、综合、比较、抽象、分解、概括、归纳、演绎等逻辑思

表 3-1　风景园林实践教育专业知识获取目标

学习阶段	专业教育知识获取目标
认知阶段	关于"风景园林"事实知识的获取，即结合课堂讲授，通过实践教育让学生掌握风景园林的基本概念、对象及其组成要素等
理解阶段	关于风景园林原理知识的获取，即让学生掌握风景园林的内在运行规律，如风景园林的空间结构、特征、外在表象及形成机理等
应用阶段	关于风景园林技能知识的获得，即让学生通过实际应用掌握风景园林资源与保护、规划与设计、建造与管理等方面的技能知识
综合阶段	获取和遴选风景园林知识的获得，即通过对风景园林人力知识的获取、遴选、分析、综合、评价等引导学生对风景园林及其相关知识的自我学习

维能力。"行"主要指实践能力，包括实验和实践等动手操作能力、社会交往能力、组织管理能力等。同时，对知行合一的综合能力的培养是高等教育在能力培养方面的核心所在。

从能力的获得规律来看，是一个由简单到复杂、由单一到综合、由学得到创新的形成过程。

刘滨谊教授认为风景园林专业的专业能力应包括感悟力、判断力、想象力、规划设计与工程实践能力、交流与协调能力五方面的能力（刘滨谊，2008）。其中感悟力、想象力、判断力属于能力"知"的范畴，规划设计与工程实践能力及交流与协调能力则属于能力"行"的范畴。

因此在风景园林实践教育专业能力层面的教学目标确定时，需充分体现风景园林具有的由人文科学、社会科学和自然科学所组成的跨学科特征，理论与实践结合，逻辑思维能力和形象思维能力并重的学科特点，从而形成与教学时序阶段相协调的"知""行"双线并重的能力结构培养目标，如表 3-2 所示。

表 3-2　风景园林实践教育教学能力获得目标

学习阶段	能力结构获得目标				
	"知"			"行"	
	认知能力	思维能力		操作能力	交流与组织管理能力
		逻辑思维能力	形象思维能力		
认知阶段	对风景园林总体及其组成要素基本的观察、记忆、识别等能力	对风景园林空间及其组成要素一定的比较、分解能力	对风景园林总体及其组成要素基本的感知能力和简单的图解描述能力	对风景园林要素简单的实践操作能力	师生、学生间单线（一对一）交流能力
理解阶段	对风景园林空间及要素一定的选择、辨别能力	对风景园林空间及其组成要素一定的抽象、概括能力	对风景园林总体及其组成要素一定的想象、联想能力和基本的图解描述能力	简单的风景园林设计实践操作能力	简单的小组交流能力和个体完成微观尺度风景园林设计课题（项目）的组织管理能力

续表

学习阶段	能力结构获得目标				
	"知"			"行"	
	认知能力	思维能力		操作能力	交流与组织管理能力
		逻辑思维能力	形象思维能力		
应用阶段	对风景园林空间一定的判断能力	对风景园林空间一定的比较、抽象、分解、概括，分析、综合等能力	对风景园林空间一定的图解表达等描述能力	基本的风景园林规划设计实践操作能力	一定的小组交流能力和个体或小组完成中观尺度风景园林设计课题（项目）的组织管理能力
综合阶段	对风景园林规划设计或建成项目一定的评价能力	对风景园林课题综合的归纳、演绎、分析、综合能力	对风景园林课题一定的创造与创新能力	一定的风景园林规划设计实践操作能力	一定的综合交流能力和小组或大组完成综合性风景园林设计课题（项目）的全过程组织管理能力

　　而对于认知能力、思维能力培养和提升应充分与专业理论课程教学及通识教育课程教学相配合，共同培养学生对解决问题的流程、方法和技能的掌握，从而培养学生"知行合一"的综合能力。

　　3. 实践教育的素质/人格养成目标

　　"作为专业的思想、价值观与行为的培养，专业素质教育涉及对本专业的认识领悟、专业的追求、从业行为准则的培养。具体可以概括为专业使命感、

图 3-1　风景园林专业实践教育目标框架图

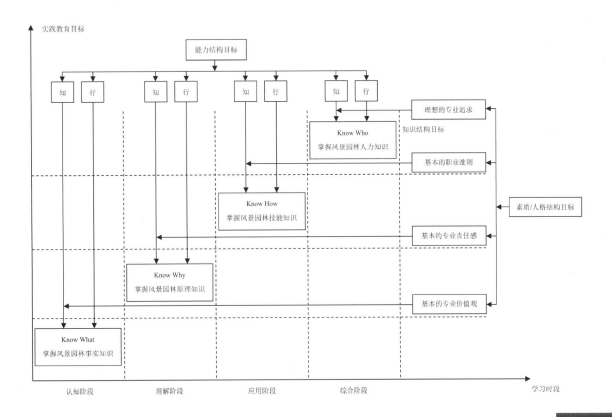

自然观、科学理性与创新性、空间环境意识、以实践为检验标准五项专业素质的培养"[1]（图 3-1）。

而素质／人格的形成如同 A. 迪恩·豪恩斯坦对情感领域的划分，一般经历从接受——反应——形成价值——信奉——展露个性的过程。风景园林专业素质的形成也必然经历从专业价值观的建立——专业责任感的形成——职业规范和职业道德的建立——理想的专业追求这样一个循序渐进的过程，并在此过程中形成坚持专业思想、专业品德、专业理想、专业情操，以及专业信念等的传统专业理想人格和突出自立、责任、敬业、诚信等精神的现代独立人格。

3.2 专业实践教育的内容

3.2.1 风景园林专业的核心内容

从风景园林的学科内涵与专业特点来看，风景园林专业本科毕业生需具备由空间·形态·美学、环境·生态·绿化、行为·心理·文化三元所组成的专业知识结构，由资源·保护、规划·设计、建设·管理三元所组成的专业能力结构，而在此基础上形成以职业道德规范与价值观为准则的专业素质／人格结构，如表 3-3、表 3-4 所示。

表 3-3　风景园林专业知识结构核心内容

知识结构层面		核心内容	备注
空间·形态·美学	空间知识内容	风景园林空间的表现形式	空间、形态和美学三者是风景园林的主要表现形式，也是风景园林专业的核心知识之一
		风景园林空间的构成要素	
		风景园林空间的比例尺度	
		风景园林空间的时空对应关系	
	形态知识内容	风景园林形态的外现形式	
		风景园林形态的组成要素	
		风景园林形态的组合方式	
		风景园林形态的功能指向	
		风景园林的形态与意义	
	美学知识内容	风景园林美学的客观性与社会性	
		风景园林美学的形象性与理智性	
		风景园林美学的真实性与功利性	
		风景园林美学的内容美与形式美	

---

[1] 刘滨谊. 风景园林学科专业哲学——风景园林师的五大专业与专业素质培养 [J]. 中国园林, 2008（1）: 12-15.

续表

知识结构层面		核心内容	备注
环境·生态·绿化	环境知识内容	风景园林的区域环境特征与肌理	包括从宏观到微观，从大尺度到小尺度，从外部到内部的环境特征和肌理
		风景园林的地域环境特征与肌理	
		风景园林的基地环境特征与肌理	
		风景园林的内部环境特征与肌理	
	生态知识内容	风景园林的生态系统与结构格局	景观生态学应包括景观的空间异质性的发展和动态、异质性景观的相互作用和变化、空间异质性对生物和非生物过程的影响以及空间异质性的管理等重点知识
		风景园林的生态要素及核心环节	
		风景园林生态要素的相互作用	
		风景园林生态规划及管理措施	
	绿化知识内容	风景园林绿化的生态特征	以植物材料进行空间营造是风景园林专业的重点知识
		风景园林绿化的地域特征	
		风景园林绿化的生长特征	
		风景园林绿化的形态特征	
		风景园林绿化的文化特征	
		风景园林绿化的建造功能及其方法	
行为·心理·文化	行为知识内容	风景园林空间所发生行为的目的性	应认识行为、心理与文化三者之间的相互影响、互为层次关系，以及与风景园林空间、形态、美学等的互动关系
		风景园林空间所发生行为的能动性	
		风景园林空间所发生行为的预见性	
		风景园林空间所发生行为的程序性	
		风景园林空间所发生行为的多样性	
		风景园林空间所发生行为的可度性	
	心理知识内容	对风景园林的心理认识过程	
		对风景园林的心理情感过程	
		对风景园林的心理意志过程	
		对风景园林的知、情、意心理过程三者之间的关系	
	文化知识内容	风景园林的显性文化特征（图式表征、名称表征、设计表征等）	
		风景园林的隐形文化特征（风景园林的象征意义、审美情趣，以及宗教、经济与政治含义等）	

表 3-4 风景园林专业能力结构核心内容

能力结构层面		核心内容	备注
资源·保护	资源能力内容	风景园林资源的调查能力	在能力培养过程中培养学生的风景资源系统观、资源辩证观、资源层次观、资源开放观、资源动态平衡观等对待风景资源的专业素养
		风景园林资源的认知能力	
		风景园林资源的分析能力	
		风景园林资源的组织能力	
		风景园林资源的发掘能力	
		风景园林资源的利用能力	

续表

能力结构层面		核心内容	备注
资源·保护	保护能力内容	自然风景资源的保护能力	在培养学生对于风景园林资源保护能力的同时，强化对生态环境的保护意识、可持续发展的思维等素养教育
		人文风景资源的保护能力	
		风景资源的保护手段与方法	
规划·设计	规划能力内容	对风景园林规划意义和特征（长远性、全局性、战略性、方向性、概括性和鼓动性等）的认识能力	在规划设计能力的培养过程中逐步树立专业准则与职业道德
		对风景园林规划的资料收集、分析能力	
		风景园林规划的战略和目标制定能力	
		风景园林规划与其他相关规划的协调能力	
		风景园林规划的表达能力	
		风景园林规划流程的操控能力	
		风景园林规划项目的管理与组织能力	
		风景园林规划方法的应用能力	
	设计能力内容	对客户期望、需要、要求等的理解与风景园林语言物化能力	
		对设计基地内外自然和文化元素的认知、理解、分析、组织及利用能力	
		设计各流程阶段规范文件的编制能力	
		设计理论与方法的应用能力	
		设计的创新能力	
建设·管理	建设能力内容	各种类型、各种尺度风景园林空间建造的施工配合能力	对应于规划设计单位
		各种类型、各种尺度风景园林空间建造的施工实施能力	对应于施工单位
		各种类型、各种尺度风景园林空间建造的施工监理能力	对应于监理单位
		各种类型、各种尺度风景园林空间建造的经济控制能力	对应于建设单位
		各种类型、各种尺度风景园林空间建造的管理控制能力	对应于风景园林项目的主管单位或部门
	管理能力内容	风景园林资源的管理能力	处于不同岗位对风景园林涉及的不同对象的管理能力
		风景园林规划设计项目的管理能力	
		风景园林项目建设的管理能力	
		风景园林使用与维护的管理能力	

在知识与能力基础上将形成由专业价值观、专业责任感、职业规范和职业道德、专业追求等组成的素质/人格结构核心内容，如表3-5所示。

表 3-5　风景园林专业素质／人格结构核心内容

素质／人格结构层面	核心内容	备注
专业价值观	"以大自然的良性存在为最终依据"的专业自然观[①]	专业价值观的是形成专业素质的基础
	尊重和延续自然文化遗产	
专业责任感	维护环境的可持续发展	专业价值观、专业责任感、职业规范和职业道德、专业追求是作为专业从业人员形成现代人格的必备条件
	"为人类和其他栖息者提供良好的生活质量"和"景观守护者"的专业使命感[②]	
职业规范和职业道德	遵守敬业、诚信的职业规范	
	遵守公平公正的职业道德	
	维护职业的尊严和品质	
专业追求	坚守理想的专业追求	

3.2.2　风景园林专业实践教育内容

1. 内容设置原则与特征

鉴于目前风景园林专业实践教育存在的普遍问题，以及国内开设风景园林专业院校背景与特色的多样性，根据工科风景园林专业的特点和毕业要求，遵循"注重基础、强化训练、加强综合、培养能力"的原则，在实践教育内容设置上应具有如下特征。

（1）规范性：风景园林本科专业实践教育的内容配置，遵循教学目标体系的建构范式，以风景园林教育宪章规定的教学内容与风景园林本科专业规范为依据，形成具有一定规范性的风景园林本科专业实践教育内容体系。

（2）可达性：以教学阶段时序进行划分，知识、能力、素质／人格教学模块同步推进，互为补充，综合教学，打破以课程单元设置为主的传统教学内容体系建构模式，以教学结果为导向，选择与设置具有较强可达性的实践教育内容，进而确定相应的教学时长与教案。

（3）多元性：在满足工科风景园林专业的核心内容和本科专业规范的基础上，在实践教育内容上可充分发挥各高校的开设背景、办学专长、在地环境等特点，形成多元的具体教学内容。

---

① 刘滨谊教授认为风景园林专业素质应包括专业使命感、自然观、科学理性与创新性、空间环境意识、以实践为检验标准五项专业素质。其中自然观，旨在坚持自然第一，人工第二；保护自然第一，开发建设第二；规划设计、建造管理、权衡利弊得失，一切以大自然的良性存在为最终依据，这是风景园林专业的自然观，其基础是对于自然的热爱、对于自然规律的尊重。除了理性的原则之外，风景园林专业的自然观更多的是潜移默化、最终付诸行为的专业感觉，这种专业感觉的形成，其有效的方法是走进大自然，接受自然的熏陶。来源：刘滨谊.风景园林学科专业哲学——风景园林师的五大专业观与专业素质培养[J].中国园林，2008（1）：12-15.

② 刘滨谊教授认为风景园林专业人员作为肩负着"为人类和其他栖息者提供良好的生活质量"和"景观的守护者"的神圣使命感，其基础是对于生活的热爱、对于大众的尊重。使命感的培养需要学生结合规划设计实践，深入生活，体会社会需求，倾听大众呼声。来源同①。

（4）动态生成性：本书建构的框架式实践教育内容配置体系具有一定的动态生成性，以此为基础，通过对教学模块内容的分解、组合、分工、协同等，根据学校特点、学科发展、环境变化等衍生出不同特色而多样化的具体实践教育内容和课程单元，也可根据不同学制、不同学习群体的学习进度调整该配置内各教学内容模块的衔接顺序。

2. 专业实践教育内容体系

根据风景园林教育宪章、风景园林核心知识结构研究报告（Landscape Architecture Body of Knowledge Study Report，简称LABOK）、《高等学校风景园林本科专业规范指导法2013版》等对风景园林专业教育内容的界定，结合对学生知识、能力、素质／人格的全面培养，可建构如下风景园林专业实践教育内容体系，如表3-6、表3-7所示。

表3-6　风景园林专业知识领域内容及实践教育模块对应表

知识领域模块	核心知识内容	对应的专业课程模块	对应的实践教育模块
风景园林历史与文化（History and Culture of Landscape Architecture）	中国风景园林历史和文化	中外风景园林史；风景园林文化；风景园林艺术	在地传统园林、风景名胜参观认知，国外风景园林考察等
	外国风景园林历史和文化		
	中外风景园林历史的相互对应关系及文化的异同		
自然和文化系统（Natural and Cultural Systems）	自然系统的空间表征、构成要素	风景资源学；场地分析；基础生态学；景观生态学；人类文化学	风景园林现场调研、生态基础实践、文化景观考察等
	自然场地条件与生态系统		
	土地利用模式与建成形态		
	文化系统的构成要素、特征及对风景园林的影响		
	自然系统与文化系统之间的关系		
植物材料及其应用（Plant Material and Horticultural Applications）	植物的分类与名称	植物学；园林植物与应用；种植设计；植物养护与管理	风景园林植物认知、风景园林植物应用、种植设计实训等
	植物的群落生态系统		
	植物的景观特色		
	植物在风景园林中的功能及其应用		
	种植设计原则、流程及其方法		
	植物的后续管理与维护		
风景园林规划设计的理论与方法（Theory and Methodologies in Design and Planning）	风景园林规划设计理论领域的发展历程与当代发展方向	建筑设计原理；城乡规划原理；风景园林导论；风景园林规划原理；风景园林理论前沿；风景园林设计方法	相关课程单元与集中式辅助实践
	风景园林规划设计理论与方法		
	风景园林规划设计工作的流程与模式		
	风景园林的规划设计语言		
	风景园林相关规划设计的理论与方法		
公共政策与法规（Public Policy and Regulation）	对风景园林使用和发展产生影响的政策和法律规范	风景园林法规与规范；风景园林政策与发展	相关行业管理单位的生产实习
	风景园林的基本法规、附属法规及相关法规		
	风景园林发展新的趋势和问题		
	风景园林工程项目的审批流程		

表 3-7 风景园林专业能力领域内容及实践教育模块对应表

能力领域模块	核心能力内容	对应的专业课程模块	对应的实践教育模块
工程材料、方法、技术、建设规范和工程管理（Site Engineering Including Materials, Methods, Technologies, Construction Documentation and Administration, and Applications）	工程材料及其特性的认知能力	建筑力学与结构；风景园林材料学；风景园林工程设计；建筑与风景园林构造；风景园林工程经济；风景园林项目管理	风景园林工程实习实践、风景园林建造实践、相关单位生产实习
	工程材料在设计中的应用能力		
	工程技术流程的了解与理解能力		
	风景园林工程项目建设规范的了解与理解能力、设计管理能力以及建造、监理等管理能力		
各种尺度的风景园林规划设计、管理和调查、研究、实践（Landscape Design, Management, Planning and Science at all Scales and Applications）	客户目标、需求、要求等的理解能力	设计基础；空间设计；建筑与规划设计基础；建成环境设计；风景园林设计；风景园林详细规划；风景园林总体规划	风景园林基础的空间、美学、艺术造型实习实践；风景园林认知实习、规划设计实习、工程实习实践；风景园林调研、分析实习实践；风景园林联合设计、学科竞赛、毕业设计等
	资料调查收集、数理分析能力		
	规划设计目标、策略的制定能力		
	各类规划的理解与协调能力、项目组织管理能力		
	规划设计项目各阶段文件的编制能力		
	规划设计理论和方法的应用能力、创新能力		
信息技术和计算机应用（Information Technology and Computer Applications）	信息的收集、筛选、分析能力	文献检索（数据库、OFFICE等）	各类实习实践的全过程、专门化的信息技术及软件实习实践
	信息的数理分析能力、图形文件的处理能力、计算机辅助设计的能力	计算机信息技术、地理信息系统(GIS等)、参数化设计等	
	设计成果的表达与交流能力	设计表达与陈述	
沟通与交流（Communications and Public Facilitation）	规划设计成果的口头陈述能力	专业沟通与交流	风景园林师调研、实务、各类规划设计实习、企业实习、毕业设计等实习实践环节全过程训练
	规划设计成果的可视化交流技巧（如图片和影音等）		
	在不同阶段与规划设计项目合作者的联系或当面交流能力		
	风景园林规划书面文件或图形文件的制作与表达能力		
	风景园林项目的会议组织能力		

　　上述风景园林本科专业知识和能力领域的内容及表 3-5 中的素质 / 人格模块内容，应是风景园林本科教育阶段专业教学的基础内容，可结合各院校的办学背景、办学理念及教学特征等进行整合或分解，开设出不同类型的课程单元及相对应的专业实践教育模块。而素质 / 人格模块内容在教学过程中需与知识和能力模块内容交叉、并行开展。

　　根据风景园林专业的内涵与学科特点，独立于理论课程的实践教育体系可分为实验、实习与实践、拓展实践等三个板块，其中实验分为环境与生态学基础实验和行为与规划设计实验两个模块；实习与实践根据学生学习规律以认知、理解、应用与综合四个阶段开展；拓展实践独立于风景园林课程设计与实习实践，可由国内外院校联合设计与设计竞赛等组成（表 3-8、表 3-9）。

接下来几章将根据实践教育的类型、教学组织方式，分类对风景园林专业实践教育教程进行探索，为专业实践教育提供可资参考的实施教案。

表 3-8　风景园林专业实践教育领域和内容

实践领域	实践模块	实践内容
实验	环境与生态学基础实验	对构成风景园林的水、土、大气、声等基本环境要素以及生态、气候、地质、地貌、水文等基本地理要素的基础实验
	行为与规划设计实验	对使用者在风景园林中的观察和模拟实验，探索规划设计与使用者行为之间的关系
实习与实践	艺术造型实践	风景园林基础的空间、美学、艺术造型实践
	风景园林认知实习	风景园林空间实体及图式认知
	风景园林考察实践	风景园林要素、空间、工程、就业等相关考察实践
	风景园林规划设计实践	不同尺度风景园林规划设计实践
	毕业设计	综合性风景园林规划设计实践
	企业实习	实际工作环境与工作状态体验与实训
拓展实践	国内院校联合设计	国内同类院校的联合设计
	国际院校联合设计	国际同类院校的联合设计
	设计竞赛	国内外各类设计竞赛

表 3-9　同济大学风景园林专业实践教育课程与内容

学习阶段	实习名称	实践教育内容
认知阶段	艺术造型实习	风景园林基础空间、美学、艺术造型的采风、绘画、提炼再现等
	景观与园林认识实习	风景园林实体空间的总体认知与图式认知；风景园林组成要素实体认知、图式认知与图解表达；风景园林空间认知地图绘制；风景园林就业单位及行业部门考察
	园林植物认知实习	在地风景园林植物的类型、名称、生态习性、造景特征等
理解阶段	景观环境测绘实习	风景园林单元素－地形图解表达、道路与场地图解表达、绿化图解表达、建筑图解表达、水景图解表达、小品图解表达等；风景园林多元素组合图解表达；风景园林综合图解表达；风景园林文化的空间物化表达；风景园林空间体验分析等
	创新能力拓展项目	同济大学建造节、国家及地方创双项目等
	园林工程认知实习	园林工程总体布局、竖向设计、绿化种植、夜景灯光、服务设施布局、基础设施、建筑与构筑物、水景、铺装等的认知与设计
应用阶段	景观设计课程实践	微观（人体感知）尺度风景园林空间设计、私家中观尺度风景园林空间设计、公共中观尺度风景园林空间设计
	景观详细规划课程实践	公共宏观尺度城市与风景园林空间设计
	景观总体规划课程实践	宏观尺度的国家公园、风景名胜区、旅游度假区、田园综合体等综合性空间规划
	景观规划设计综合实践	多类型的相关风景园林项目规划设计实践，实习基地与教师工作室实习实践
	风景园林学科竞赛	"从周杯"风景园林大学生设计竞赛、IFLA、ASLA、风景园林学会等各类大学生设计竞赛
综合阶段	毕业设计	真实风景园林综合工程项目规划设计

第4章

认知型实践教育

课程单元式实践
集中式实践

认知，是人们获得知识、应用知识或信息加工的过程，是人的最基本的心理过程，包括感觉、知觉、记忆、思维、想象和语言等。人脑接受外界输入的信息，经过头脑的加工处理，转换成内在的心理活动，进而支配人的行为，这个过程就是信息加工的过程，也就是认知过程。

赫伯特·A.西蒙（Herbert A.Simon）认为，人类认知有三种基本过程：①问题解决：采用启发式、手段—目的分析和计划过程法；②模式识别能力：人要建立事物的模式，就必须认识各元素之间的关系，如等同关系、连续关系等。而根据元素之间的关系，就可构成模式；③学习：学习就是获取信息并将其贮存起来，便于以后使用。学习有不同的形式，如辨别学习、阅读、理解、范例学习等。

认知型风景园林实践教育就是通过对风景园林实体元素、对象、空间等的客观感知，培养学生对风景园林专业的学习兴趣，认识风景园林专业要素与对象的表面联系和关系，形成对专业的基础记忆和基本概念，进而树立其对专业的自我认知与思维能力。

人脑的信息加工能力是有限的，不可能在瞬间进行多种操作，为了顺利地加工大量的信息，人只能按照一定的策略在每一时刻选择特定的信息进行操作，并将整个认知过程大量操作组织起来。因此，认知策略对认知活动的有效进行就显得十分重要。而风景园林认知型实践教育就是指导风景园林基础专业认知活动的计划、方案与技巧，其教学活动组织、教案设计、教学过程、教学结果评价等均需要精心策划与设计，才能促使学生快速而有效地完成对风景园林信息的吸收与加工。

下面将选择部分教学案例来阐述风景园林专业认知型实践教育的教案设计。

4.1 课程单元式实践

4.1.1 "一叶知秋"课程实践

1. 教学定位

作为课程"现代生命科学与人居环境"的实践单元模块，"一叶知秋"课程实践共计10个学时（课程总计34学时），约占总课时29%。该实践模块旨在强化学生创新思维训练，结合人居环境实际问题设定主题，要求学生在校园内搜集落叶、枯枝和果实等材料，任意选择创意装置、绘画、模型、产品等形式表现设计主题，从学科交叉与融合角度表达对主题的理解与认识。实践教学分为4个阶段并融入课程教学过程中。

2. 教程安排（表4-1）

表4-1 "一叶知秋"课程实践教学进程表

教学阶段	任务与内容	认知策略	学时
任务与准备	任务布置、案例分析	启发、阅读、范例学习	2
方案设计	概念方案提出、推演及优化	启发、手段与目的、联想、思维	4
制作与展览	以作业展形式，自主选择场地环境进行作品呈现	思维、想象、实体、语言	2
教学结果评定	嘉宾及评委点评、微信网络评选进行成绩评定	语言、荣誉、记忆	2

3. 实践成果

自2015年以来，该实践教学不仅培养了学生对人居环境的认识、对专业的学习兴趣、创新创意的思维以及实践动手的能力，同时通过学生自主设计的创新创意作业成果展业已成为该课程教学的特色（图4-1、图4-2）。

(a)   (b)

图4-1 作业展及教学评选活动
(a) 教学评选活动（2018年）；(b) 教学评选活动（2019年）

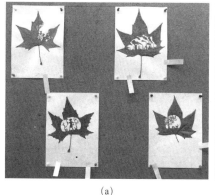

(a)   (b)

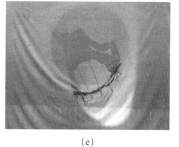

(c)   (d)   (e)

图4-2 作业成果
(a) 叶的世界；(b) 万花筒；(c) 种种落叶 萤萤之光；(d) 蘑菇伞架；(e) 叶影

4.1.2 "风景之眼""骑行滨江"课程实践模块

1. 教学定位

作为"风景园林学（景观学）概论"课程的课外实践单元，"风景之眼""骑行滨江""未来的我"等主题系列课程实践共计约 12 学时。该课程实践主要针对本科一年级新生，旨在结合理论课程讲授，通过课程实践让学生能对风景园林专业的概念、特性、对象、基本属性、就业发展等具有快速而全面的理解，以此培养学生对专业的学习兴趣，制定学习计划，了解自己的职业发展方向。

2. 教程安排（表 4-2）

3. 实践成果（图 4-3）

图 4-3 课程实践
(a) 初识风景园林（校园认知）；
(b) 风景季相（校园认知）；
(c) 地图与实体；
(d) 空间尺度感知；
(e) 活动体验；
(f) 未来的我（实习单位遴选）

表 4-2 "风景园林学（景观学）概论"课程实践教学进程表

实践模块	任务与内容	认知策略	学时
风景之眼	以校园环境或校外风景园林实体空间为对象，教师分组带队进行现场讲解，了解风景园林的专业范畴与对象，强化对风景园林概念的了解	实体阅读、辨别	4
骑行滨江	结合上海黄浦江滨江贯通工程，选择部分区段为对象，教师带队分组进行整体骑行，重点讲解，培养学生对风景园林的基本概念、功能与空间尺度等的理解	实体阅读、范例学习	4
未来的我	教师带队分组参观规划设计单位、行业管理单位、工程建设单位等风景园林从业单位，让学生了解自己未来的职业发展、工作环境等	感知、想象、语言	4

(a) (b) (c)

(d) (e) (f)

4.2　集中式实践

4.2.1　风景园林认知实习

1. 教学定位与目标

风景园林认识实习是学生在接触与学习专业概论及相关知识后，通过对建成景观环境、城市公园绿地、行业管理部门等实体空间与场所的实地参观与调研，增加学生对风景园林专业的感性认识，增强学生对专业的学习兴趣；培养学生关注社会、服务社会的基本意识；锻炼学生的观察、分析和总结判断能力，为深入专业学习和研究奠定坚实的基础。

2. 实习内容

学生以普通市民的心态游览有关风景园林实体空间如古典园林、城市公园绿地、风景名胜等，撰写游记，记录真实感受。

组织参观有关城市公园绿地、规划设计单位、行业管理部门等，听取教师及有关人员的讲解，并记录笔记。

在教师指导下，分组或个人对风景园林实体空间展开调查并记录，通过图式认知、图解表达、认知地图绘制等分析并总结风景园林实体空间在设计理念、功能构成、组成要素、空间关系、景观结构、游赏系统、服务设施等方面的特点，以及存在的问题，形成风景园林认识实习考察报告。

根据实习积累的知识和方法，在假期中选择家乡所在地某风景园林实体空间进行再认知，分析该空间的在地特征，并尝试做出与学校所在地类似空间的对比分析。

3. 进度安排（表4-3）

表4-3　"风景园林学认知实习"教学进程表

序号	阶段	时长
1	辅导讲座、实习动员及任务介绍； 分组参观，整理日记	1天
2	集体参观，整理日记	1天
3	分组参观，整理日记	1天
4	分组参观，整理日记	1天
5	集体参观，整理日记	1天
6	实习报告撰写与整理	1天
7	集体实习交流总结（学生汇报，教师点评）	1天
8	家乡所在地风景园林实体空间认知	暑期
9	个体实习交流总结	开学后第一周内

4. 实践案例——云南曲靖龙潭公园认知

完成人：李兆雷

年级与专业：2017 级风景园林

指导教师：胡玎、陈静

学校：同济大学

实习时间：1 年级暑期（2018 年）

（1）公园概况

龙潭公园位于云南省曲靖市麒麟区市中心的西南方向，东面为寥廓南路、电子产品商铺，西面和南面为居民住宅，北面为文化路、龙潭菜市场和曲靖市第二小学。公园占地面积 79 600m²，其中绿地面积 66 935m²，绿地率 84.09%。于 2001 年 1 月建成开放，2005 年 5 月免费开放，采用封闭式管理，共 2 个出入口，均有大门和值班室，不允许车辆进入。

（2）功能分区（表 4-4、表 4-5）

表 4-4　公园主要功能分区表

功能分区	内容
商业用房	温室、旅行社、各种培训馆
健身设施	室外健身设备、一个羽毛球馆
娱乐区域	1 个儿童游乐场、1 片大广场（主要被用于跳广场舞）
餐饮建筑	1 个风车、1 个小木屋
文化中心	展览馆
应急避难场所	作为永久性的避难设施，平时对外开放，不改变休闲、娱乐、健身功能，只有在遇到重大灾害时启用，包括应急避难指挥中心、医疗救护点、应急棚宿区、应急厕所、应急垃圾存放区、应急停车场、应急保卫、应急供水、应急广播等配套设施和指示牌，为市民提供临时避难
观赏休闲区	其他绿地景观区域

表 4-5　公园内主要建筑物分类表

类型	功能
温室	曾经种植有温室植物，对游人开放；如今被植物零售批发商承包，常年关闭，对于游人来说没有实际价值
展览馆	一层常年有书画作品、昆虫标本、摄影作品、雕刻等展览，主要是市民的作品；二层出租，曾作为跆拳道培训馆，如今是太极训练馆
风车	曾经用来饲养孔雀，游人只可以透过玻璃参观，如今作为甜品店供人休憩
小木屋	小吃店
小卖部	售卖各种零食、饮料、鱼饲料、玩具等
水车	曾经河流有水冲刷，如今杂草丛生，只有装饰性
亭和廊	位于湖边，常有人在此拉琴歌唱
商用房	用作英语培训馆、旅行社等

活动人群分布：

儿童聚集在儿童游乐场、室外健身器处、大广场以及湖边喂鱼区。

中老年人主要在健康步道循环散步、在大广场和湖边较宽阔开敞区域打太极、跳舞。

青年人主要在廊道内、树荫或路灯下的椅上和大广场外围的座椅上休闲聊天。

（3）景观分区形象

公园主题："以人为本，人与自然和谐统一"，共 10 个景区（表 4-6）。

表 4-6　公园内主要景区一览表

景区	功能
前广场	原来被作为停车场，如今建了羽毛球馆
中心广场	较为开阔的空地，东西两侧植树并安置座椅，左右两侧以盆栽和雕塑收束
林荫区	以竹为主，竹林幽静，设置小路、栅栏和石桌凳，有小孩在此处学习；但是有的地方竹子过于茂密，导致过于偏僻、光线较差、十分湿冷
原野风情区	自然绿化种植区域
科技展览馆	位于公园地势最高处，该建筑为金字塔形，在馆内视野佳，公园内各个地方也都能看到展览馆的尖顶
大温室	常年关闭
观鱼池	小朋友湖边喂鱼
水榭茶楼	湖边的一幢 3 层楼小洋房，现作为旅游公司
休闲长廊	长廊内有座椅，背后是树木和人行道，前面是人工湖，可以看到对面的景致
盆景园	原来位于公园最南端，主要是本市的优秀盆景，多为他人捐赠；如今各个盆景放置在湖边，以此作为围栏；我认为这样做使得整体美观性不是很强，不过看到游人受盆景吸引，站在湖边欣赏

（4）道路交通组织

外部交通：公园正门外为机动车和非机动车停车场，后门（北门）和正门（东门）外各有一个公交站，交通便捷。

内部交通：龙潭公园最主要的道路为贴近公园边界的健康循环步道，可以绕整个公园一圈，也是中老年人早晚散步的最主要道路，人们成群结队，道路显得有些拥挤；其次是内部环绕人工湖的环形道路。两条主要的道路呈内环外环状，其间通过蜿蜒曲折的小路相连，小路交错复杂，但是都围绕着主要的建筑、雕塑和景观区域。

主要聚集地：正门和公园内部以雕塑和楼梯连接，在正门平台可俯瞰大广场。

（5）绿化规划设计

整个公园共有 90 种左右的植物，没有草本温室植物。

木本植物共 60 种，其中 19 种乔木，35 种灌木，2 种藤本植物，3 种竹类植物，1 种棕榈植物，草本植物共 27 种（限于篇幅，该生调研的植物分类表省略）。

（6）个人体会

曲靖龙潭公园刚建成时比较纯粹，有大片的草地供游人玩耍休憩，小溪水流清澈；没有各种标语和红色雕塑，只有恐龙、蜗牛、孔雀和龙；儿童娱乐设施也是简单的滑梯秋千等，而且统一使用了白色和接近草地的绿色，没有如今的商业化娱乐设施。

如今这个公园承载的东西太多，不仅要给居民观赏、健身，还有商业用途，更是让它承担起了社会主义核心价值观的传播功能，但是宣传方式相对简单粗暴。加上公园较小，附近有很多退休老人居住的小区，每到清晨和傍晚，游客一起突然多起来，健身体验也有所下降。

有一个点值得注意：在上海实习见到的公园里，我并没有看到"应急避难场所"标志，而龙潭公园中这个标志随处可见，可能是由于地理原因，云南更加容易发生自然灾害，因此较为注重避难，这个意识值得借鉴（图 4-4）。

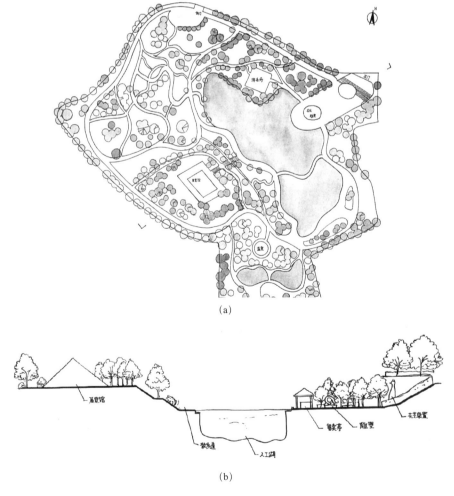

(a)

(b)

图 4-4　认识实习成果图
(a) 龙潭公园平面图；
(b) 公园剖面图

(c)

(d)

图4-4 认识实习成果图（续）
(c) 公园空间及活动现场照片；(d) 随处可见的应急标识

4.2.2 园林植物认知实习

1. 教学定位与目标

通过园林植物认知实践学习，使学生掌握园林植物分类的基本原理和识别的基本方法，掌握园林植物选择、应用、评价等方面的基本技能。为后续学习种植设计、公园绿地等景观设计、绿地规划、风景名胜区总体规划、城市规划和建筑附属绿化配置等专业内容奠定基础。

（1）通过认知实习以复习和巩固课堂所学的植物学理论知识，增加感性认知，把所学的知识条理与系统化，拓展书本学不到的专业知识。

（2）在正确理解园林植物的概念、功能、资源、分类、应用等内容的基础上，掌握园林植物分类的基本原理和识别的基本方法，掌握园林植物选择、应用、评价与测绘等方面的基本技能。

（3）通过课程学习使学生深入掌握实习地区具有代表性的园林树木、园林花卉的主要识别特征、生态习性、生物学特性、景观特征和园林应用等知识，了解具有代表性的园林植物栽培群落和自然群落的特性及园林应用形式。

（4）充分理解和掌握风景园林的艺术特色、造园手法和植物配置，提高学生的思维创新和动手能力。

（5）养成观察自然、生态与美学欣赏的思维习惯，培养热爱自然与务实求知的健全人格，团结协作的精神。建立和谐的生态观念、可持续发展的世界观、正确的专业自然观，以及务实的专业使命感。

2. 教学内容与学程安排（表4-7）

表4-7 "园林植物认知实习"教学内容与学程安排表

实习时段	主要知识点及教学要求（了解/熟悉/掌握）	实习内容（课内/课外）	学时	教学手段
1	基本概念与方法介绍	基本理论与测绘、调研方法介绍，任务布置	4	集中讲授
2	综合性园林生产企业参观测绘	园林新优草本花卉、花境材料认知	8	实地参观讲解
3	城市综合公园认知与测绘	植物配置群落认知与测绘	8	实地参观讲解、测绘
4	综合性植物园参观测绘	园林新优植物、花境、水体生态系统、温室园林植物认知，专类园植物配置测绘	8	实地参观讲解、测绘
5	在地城市公园植物群落调查	植物配置群落平、立、剖面图；效果示意图；苗木表，比较不同生态调查方法的差异	8	实地测绘、自主调研
6	内业整理、交流总结	测绘内业完成，汇报交流	8	集中交流、评定

3. 考核、成绩评定方式

课程考核主要采用实习成果要求的测绘图纸与植物名录进行评定。成绩由多个部分构成，包括植物群落认知与测绘、园林建筑周边植物配置认知与测绘、专类园植物配置认知与测绘，以及温室园林植物认知与测绘等，以及上述认知与测绘区域的相关植物名录（表4-8）。

表4-8 "园林植物认知实习"考核与成绩评定表

考核形式与内容	考核内容	比重（%）
考勤	求真务实的态度、实干创新的精神与团队合作精神	20
测绘成果	风景园林绿化种植的测绘、绘图、图解等专业基础表达能力，以及生态学系统布点方法等调查方法	40
植物名录	植物分类与识别基础知识	40
合计		100

4. 实践案例

（1）实践档案

完成人：吴昀眙、耿易凡、施冰清、陈绍琪、王健涵、陆杨琛

年级与专业：2016 级风景园林

指导教师：张德顺

学校：同济大学

实践时间：2 年级暑期（2018 年）

（2）上房园艺植物配植群落测绘

以组为单位测绘上房园艺的一个植物配植群落，画出平、立、剖面图及效果示意图，以此了解新优草本花卉、花境植物材料的名称、分类、种植搭配等（图 4-5）。

（3）世纪公园植物群落调查、测绘

在对世纪公园普遍踏查的基础上，选择比较稳定的群落，绘制平、立、剖面图及效果示意图，包含单乔、单灌、单草、乔灌、乔草、灌草及乔灌草等（图 4-6）。

(a)

(b)

(c)

(d)

(e)

图 4-5 上房园艺植物群落测绘图
(a) 平面图；(b) 立面图；
(c) 剖面图；(d) 效果图；
(e) 植物群落表

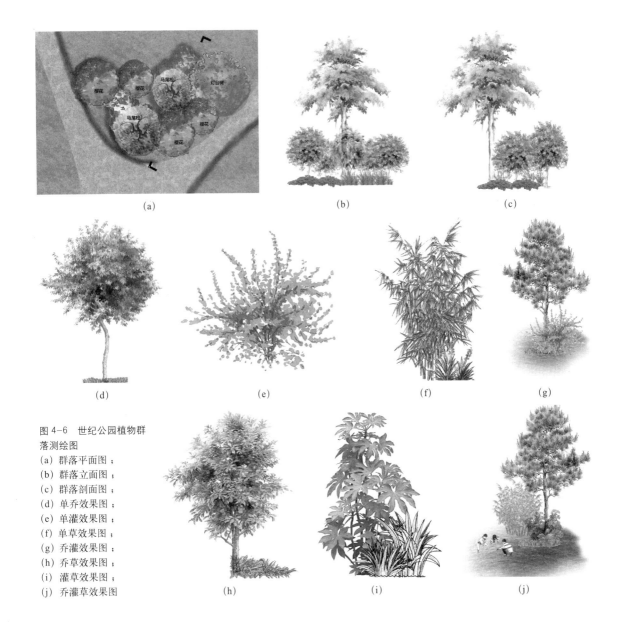

图 4-6　世纪公园植物群
落测绘图
（a）群落平面图；
（b）群落立面图；
（c）群落剖面图；
（d）单乔效果图；
（e）单灌效果图；
（f）单草效果图；
（g）乔灌效果图；
（h）乔草效果图；
（i）灌草效果图；
（j）乔灌草效果图

（4）辰山植物园·盲人植物园植物配置

列出辰山植物园见到的植物名录，选择盲人植物园绘制专类园的植物配置图（图 4-7）。

（5）西郊宾馆植物群落样方调查

采用生态学系统布点方法，在西郊宾馆布置样地，每个样地取正投影面积15m×10m，长边沿东西方向，在150m²样方范围内统计乔木的高度、冠幅、胸径，并估计其郁闭度。在样方中心取灌木样方一个，小样方规模为3m×2m。在灌木样方中心取草本样方三个，规模为1m×1m，对每个小样方内的灌木、草本的种类、多度、覆盖度等进行调查，然后对多度、覆盖度分别平均，代表该群落条件下，每种花卉的存在量（图 4-8）。

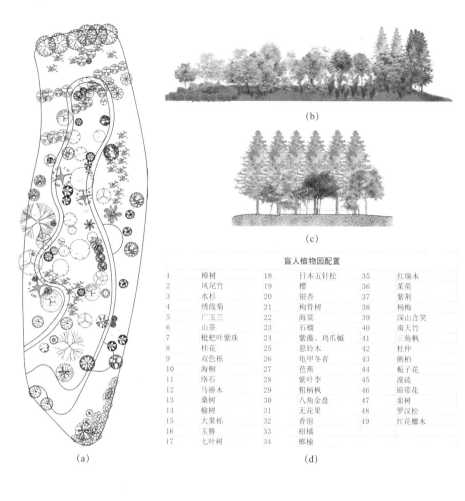

盲人植物园配置					
1	樟树	18	日本五针松	35	红瑞木
2	凤尾竹	19	樱	36	茱萸
3	水杉	20	银杏	37	紫荆
4	绣线菊	21	枸骨树	38	杨梅
5	广玉兰	22	海棠	39	深山含笑
6	山茶	23	石榴	40	南天竹
7	枇杷叶紫珠	24	紫薇、鸡爪槭	41	三角枫
8	桂花	25	悬铃木	42	杜仲
9	双色栎	26	龟甲冬青	43	侧柏
10	海桐	27	芭蕉	44	栀子花
11	络石	28	紫叶李	45	溲疏
12	马褂木	29	粗柄枫	46	锦带花
13	桑树	30	八角金盘	47	栾树
14	榆树	31	无花果	48	罗汉松
15	大果栎	32	香泡	49	红花檵木
16	玉簪	33	柑橘		
17	七叶树	34	椰榆		

图4-7 辰山植物园—盲人专类园植物配置测绘图
(a) 平面图；
(b) 立面图；
(c) 剖面图；
(d) 植物配置表

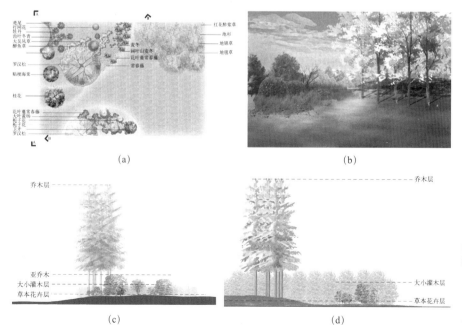

图4-8 西郊宾馆植物群落样方测绘图
(a) 平面图；
(b) 效果图；
(c) A-A剖面图；
(d) B-B剖面图

Quadrat Community Investigation Form							
Plot No.		Date:	2017.07.13				
Investigator	陆妲缨、耿慕凡、曲冰清、王健越、吴钧璇、陈绍琪	Soil Condition	A0 (cm) 3	A (cm) 21	B (cm) 78	Soil Depth (cm) 102	Course content (%)
Quadrat Site:	South of Xijiao Hotel , Changning Area, Shanghai, China.			Picture:			
Altitude (m):	4m	Longitude	121.385°E	Latitude	31.206°W		Others
Inclination:	High in southeast, low in northeast	Layers	Height	Coverage (%)	Dominant Sp.	DBH	Species Number
Slope /Gradient	0.12	Upper layer	12m	16.3	Matasequosia	31~60cm	1
Quadrat /Square	15x10m	Middle layer	4m	15.2	Gardenia	170~265cm	5
Species /Appearance		Lower layer	0.8m	48.3	Radix Ophiopogonis	25~57cm	12
Community /Name		Ground cover/ layer	0.05m	96.2	Zoysia Japonica	3~8cm	7

Upper layer				Middle layer			
Species	Height (m)	Coverage (%)	DBH (cm)	Species	Height (m)	Coverage (%)	DBH (cm)
池杉	15	1.2	40	石榴	2.5	0.5	7
罗汉松	6	8.4	20	贴梗海棠	3	1.2	8
				桂花	4	2	10

Shrub layer				Ground cover layer			
Species	Height (m)	Coverage (%)	Abundance/个	Species	Height (m)	Coverage (%)	Abundance/m²
牡丹	0.8	1.1	6	鸢尾	0.1	1.6	2.4
鹅掌草	1	0.5	1	萱草原	0.08	52.6	78.9
齿叶冬青	1.2	0.4	3	麦冬	0.4	3.1	4.6
扣网花	0.5	0.4	1	阔叶山麦冬	0.6	2.5	3.8
栀子花	1	0.9	2	花叶蔓长春藤	0.4	4.2	6.3
卫矛	1	0.75	1	常春藤	0.4	3.9	5.9
大叶黄杨	1.2	0.4	1	红花酢浆草	0.1	10.6	15.9
				大吴风草	0.2	9.5	14.3
				地毯草	0.08	0.2	0.3
				地锦草	0.08	0.2	0.3

图 4-8 西郊宾馆植物群落样方测绘图（续）
(e) 样方调查表

(e)

(6) 上海常见园林植物建档

以上海常见园林植物 354 种中的植物为对象，掌握上海常见园林植物的识别特征、生态习性、园林用途等知识要点（图 4-9）。

刺槐 *Robinia Pseudoacacia*
豆科 >> 槐属

■ 生态习性与分布地域：阳性树种，适应性强，浅根性，生长快。
■ 生物学特性与观赏特征：树冠椭圆形、倒卵形，花白色5月，有香气。
■ 园林用途：行道树、防护林、庭荫树、蜜源植物。
■ 常见搭配：刺槐——棣棠+紫珠——二月兰。
■ 识别特征：国槐叶色墨绿；刺槐叶色浅绿；国槐花色米黄，刺槐白色；国槐7/8月开花，刺槐5月开花；国槐树枝绿色，树皮光滑，刺槐树枝褐色表皮粗糙；香花槐与刺槐较像，花红色。

株型
观赏特征　识别特征　槐树花型对比

(a)

黄连木 *Pistacia Chinensis*
槭树科 >> 黄连木属

■ 生态习性与分布地域：弱阳性树种，耐干旱瘠薄，抗污染。
■ 生物学特性与观赏特征：树冠开圆，枝叶茂密，秋叶橙黄或红色。
■ 园林用途：行道树、庭荫树。
■ 常见搭配：麻栎+栓皮栎+黄连木+龙柏——四照花+连翘——宽叶麦冬；华山松+乌桕+黄连木——黄栌+平枝栒子——白三叶；水杉+黄连木+乌桕+连香树——卫矛+石楠+十大功劳+粉花绣线菊+棣棠——鸢尾。
■ 识别特征：树干扭曲，树皮呈鳞片状剥落；奇数羽复叶互生。

株型
观赏特征　识别特征

(b)

图 4-9 上海常见园林植物认知卡片（节选）
(a) 刺槐；(b) 黄连木；
(c) 海桐；(d) 八角金盘；
(e) 常春藤

海桐 Pittosporum tobira Aiton。1—果枝；2—花放大；3—幼果；4—叶；5—雄蕊；6—雌蕊

(c)

八角金盘 Fatsia japonica (Thunb.) Decne. & Planch.。1—花枝；2—花比；3—花；4—花序

(d)

常春藤 Hedera nepalensis var. sinensis (Tobl.) Rehd.。1—花枝；2—不育枝；3—6—不育枝的叶；7—星状鳞片；8—花；9—果实；10—子房纵切面。

(e)

第5章
理解型实践教育

辅助式实践
集中式实践

理解是每个人的大脑对事物分析决定的一种对事物本质的认识，就是通常我们所说的知其然，又知其所以然，一般也称为了解或领会。心理学家尼克森（Nickerson）认为：“理解是事实的联系，把新获得信息与已知的东西结合起来，把零星的知识织进有机的整体。”[①] 基于理解的这一内涵，理解型教学就是对学习是一个认知建构过程的强调，而实践是促进学习者认知建构最有效的教学模式。

为此风景园林专业理解型实践教育应遵循如下要求。

（1）强调目标理解与过程设计：以学生的获得为教学目标，教师为组织者，帮助学生建构对专业知识进行理解的认知地图。

（2）以目标设计任务，以任务承载知识：通过知识分解来设计教学目标任务，学生参与完成任务以达到学习目标。

（3）课后强调跟踪、评价与修正：需根据学生任务完成的达成度跟踪、评价教学目标的难易度、教学任务的可及度、学生个体的差异度等，进而修正实践教学目标与过程。

5.1 辅助式实践

5.1.1 园林工程认知实习

1. 教学定位与目标

园林工程认知实习作为风景园林工程与技术类课程的辅助课程，旨在通过对在建或建成环境的实地调查，了解风景园林工程的基本组成内容，掌握风景园林工程的基本元素、材料、建造流程等设计与技术手段，建立园林工程理论与实践的联系纽带。其教学目标如下。

（1）重点培养学生对风景园林工程与技术的认知、理解、应用等能力。

（2）培养学生对风景园林工程技术流程的了解与理解能力、风景园林建设工程项目建设规范的了解与理解能力，以及设计、建造、监理等管理能力。

（3）培养学生对工程材料及其特性的认知能力、工程材料在设计中的应用能力等。

2. 实践内容与学程安排

主要包括校园园林工程认知考察与校外园林工程认知考察，具体内容如下（表5-1）。

（1）调查基地园林工程的类别和组成。

（2）调查基地园林工程总体布局、竖向空间、场地设计、设施布局等内容。

（3）调查、测绘基地园林建筑与构筑物、水景、场地、小品等细部设计。

---

① 熊川武. 理解教育 [M]. 北京：教育科学出版社，2003：72.

（4）具体分析研究基地绿化种植方式、植物品种选择等种植设计相关内容，并分析与硬景元素的相互组合关系。

（5）经过实地调查后，提出自己的体会与认识，提交认知报告。

表5-1 "园林工程认知实习"实践内容与学程安排表

教学时段	实践内容与要求	学时	教学手段
任务分解基础准备	布置题目、明确任务 MAP分析调研对象的空间格局与组成	4	课堂讲解分组分析
基地调研	1）理解与熟悉调研对象的园林空间组成（如地下庭院、地面景观、屋顶花园等）； 2）熟悉调研对象的总体布局与组成要素； 3）理解与熟悉调研对象竖向空间组成、排水设计等园林竖向工程内容； 4）了解并掌握调研对象道路等级、场地功能、铺装形式、材料、构造等园林道路与场地工程内容； 5）了解并掌握调研对象绿化功能与位置、绿化种植方式、搭配、植物选择等绿化种植工程内容； 6）了解并掌握调研对象夜景组成、方式、灯具布置间距与形式等夜景灯光工程内容； 7）了解并掌握调研对象建筑物与构筑物的功能、构成、形式、尺度等园林建筑构筑物工程内容； 8）了解并掌握调研对象水景形式、组成、构成方式等园林水景工程内容； 9）测绘并绘制如台阶、坡道、排水沟、座椅、标识等园林小品与细部工程； 10）根据实际场地了解和掌握诸如屋顶花园的元素构成与组织方式、覆土与种植构造形式、地下庭院的景观构成与细节处理等其他园林工程内容	5	实地调研分组辅导
中期交流	1）对初步调研成果进行交流沟通； 2）通过讨论让学生深入理解园林工程从总体到元素的各项内容及其设计要点； 3）指出再调研的方向和重点	2	集体交流
基地补充调研、内业完成	1）根据中期交流情况，对基地进行补充调研； 2）完成内业与调研报告	4	
交流总结	学生汇报陈述，小组互评，指导教师点评	2	集体交流

3. 考核、成绩评定方式

考核主要由平时考勤、中期调研成果考核、终期内业结果考核三部分组成（表5-2）。

4. 实践案例——延安中路公共绿地工程认知（图5-1）

（1）实践档案

完成人：孙畅、周紫东、卢慧霖、李琪琳、王佳奇、刘诗楠

年级与专业：2017级风景园林

指导教师：李瑞冬

表5-2 "园林工程认知实习"考核组成表

考核形式	考核内容	考核指标要点	比重(%)
考勤	出勤及表现	不缺勤，遵守课堂与现场纪律，主动承担组内工作，现场调研积极	10
过程考核	中期调研初稿	能结合主课"园林工程与技术"理论教学，从总到分，从MAP分析到实地调研，准确理解所调研实际工程的空间格局、内容组成与特征； 现场记录逻辑清晰、条理分明、掌握调研确立的内容，满足调研要求； 能准确记录现场调研或测量的信息与要素，并能分类整理与总结； 能初步绘制园林工程总体、专项与详细工程图纸	30
结果考核	终期内业成果、实习报告、陈述表达	依照任务书判定成果的完整性与专业性； 依照课程需要了解、理解和掌握的内容，判断实习成果的专业质量； 评价实习成果从现场调研过程、数据采集、报告组成、分析逻辑、图纸表达等的完成度与表达质量； 评价通过实习实践，学生对风景园林过程与技术理解与表达的达成度	60
合计			100

学校：同济大学

实习时间：3年级第1学期（2019年）

小组分工与任务：

场地概况与组成——李琪琳

道路铺装工程认知——孙畅

绿化种植工程认知——周紫东

竖向与排水工程认知——卢慧霖

夜景灯光工程认知——李琪琳

构筑物以及水景工程认识——王佳奇

景观细部及小品工程认知——刘诗楠

（2）场地的概况与组成

1）概况

延安中路公共绿地（以下简称延中绿地）位于上海市中心城区申字形高架网的中心（延安中路高架和成都路高架），距离市政府只有十几分钟的路程，分别坐落于黄埔、卢湾、静安三区，面积为23万多平方米，是目前上海市中心城区面积最大的公共绿地。

延中绿地由自然生态园、感觉园、芳草园、干河园、地质园、始绿园六部分组成。本组重点调研的区域为最东端的自然生态园（图5-2）。

自然生态园位于延中绿地最东端，是靠人民广场最近的园子，面积约4万多平方米，北至延安高架路，东为普安路，西为黄陂南路，南为金陵中路。整体风格磅礴大气，给人感觉开阔舒展。

其空间可归纳为"一心两环三片区"，一心指开阔的中心地带；两环指围绕中心区的两条环形道路；三区指延中绿地分为休闲区、开阔中心区和静谧区

三个部分（图5-3）。

2）道路特征

两条主要的环形道路分别为规则的椭圆形主路和蜿蜒曲折的游步道。椭圆形主路两侧绿化丰富，游人可以一直在树木形成的空间中行走；道路两侧常绿树和色叶树交错使用，树木形态有高有低；树木位置有远离道路形成开阔的空间，也有靠近道路形成的隐蔽空间。弯曲的游步道有的从密闭的树林中穿过，有的从开阔的水边穿过，有的从地形起伏的草坪中穿过，相比椭圆形主路这条路的景色更加丰富，是一条以观赏为主要特点的道路（图5-4）。

3）分区特征

三个区域中开阔中心区以大水面和草坪造景为主，通过四周的地形和植物围合成为较开阔的空间，与其他两个区域空间对比强烈，人们的活动公共性较强。

静谧区位于地下车库和儿童商场的上端，此处的植物种植比较密集，空间尺度也相对较小，人们大多在此处看书、休息、谈恋爱等。

休闲区靠近黄陂南路，此处设置有酒吧等休憩空间，此处标高抬高并设置了较宽的绿化隔离带。

4）入口特征

自然生态园作为公共开放绿地有较多的入口，这些入口靠近主要的人行横道线、道路交叉口和公交停靠站等人流比较多的区域，鼓励人们从多方位进入公园。入口的空间处理各不相同，有的在平地上直接设置，有的借助地形做台

图5-1 学生调研现场（左）
图5-2 延中绿地位置及分区示意图（右）

图5-3 生态园空间结构及周边道路示意图（左）
图5-4 生态园道路特征图（右）
(a) 椭圆主路；
(b) 曲折游步道

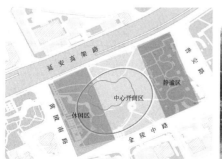

(a)　　　　　　　　　　　　　　　　　(b)

阶处理，有的是入口广场，有的是简单的一条道路连接旁边的人行道。

（3）道路铺装工程认知

1）道路铺装类型及特征

道路是自然生态园中极为重要的组成部分，道路铺装对空间场所的氛围和活动都起着极大的引导和暗示作用（图5-5，表5-3）。

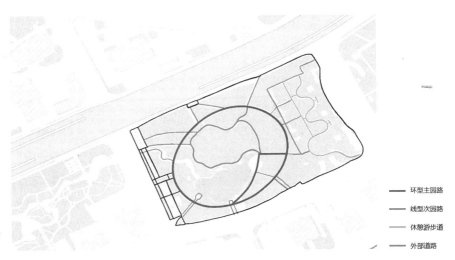

图5-5 生态园道路结构图

—— 环型主园路
—— 线型次园路
—— 休憩游步道
—— 外部道路

表5-3 自然生态园道路铺地的主要位置及功能特征

道路分类	主要位置	功能特征
环型主园路	围绕中心草坪和水景的道路	呈环形绕场地一周，串联主要景观面
线型次园路	联结主园路与外部道路	过渡性空间，通常需要结合竖向设计做细部处理
休憩游步道	联结主园路与次园路的道路	游憩性质主导，提供漫步、健身等功能
边界道路	延中绿地外围人行道路	与人行道铺装相呼应

2）园路铺装（表5-4）

表5-4 自然生态园园路铺装材料与样式

道路分类	铺装材料	铺装尺寸（mm）	图样
环型主园路	浅灰色与深灰色花岗石对缝拼接	300×600 或 300×300（浅灰）+100×600 或 100×300（深灰）	

续表

道路分类	铺装材料	铺装尺寸（mm）	图样
环草坪次园路	花岗石小料石错缝拼接	102×225（米色花岗石小料石）	
连通性次园路	花岗石错缝拼接	300×500（浅灰）	
交通性次园路	花岗石小料石错缝拼接	102×225（红棕或灰色）	
休憩游步道	竖砌砖路面（错缝拼接，倾斜角1：1.43）	35×170（深青色砖）+100×200（花岗石料石压边）	
边界道路	花岗石错缝拼接	400×400（浅灰）+400×200（深灰）	

3）场地铺装（表5-5）

表5-5 自然生态园场地铺装材料与样式

场地类型	铺装材料	铺装尺寸（mm）	图样
水景平台	木板拼合；花岗石料石	150 宽长木板 300×600 或 300×300 （浅灰）+100×600 或 100×300（深灰）	
小广场空间	花岗石错缝拼接	400×400（浅灰） +400×200（黑色）	
构筑物下空间	花岗石料石对缝拼接	400×400（浅灰）	

4）场地收边（表5-6）

表5-6 自然生态园场地收边样式

位置	收边样式	图样
铺地与草坪	采用无边设计，园林工程中一般会采用不锈钢、石材等进行收边	
铺地与灌木	路缘石高出地面75mm，宽90mm	
铺地与地被	花岗石料石单层拼接，混凝土坞浜	
铺地与铺地	不同材质和尺寸的交接以主要道路为更高优先级； 次要道路在交接处改用尺寸小的同材质料石进行拼缝，但铺装方向不做变化	

（4）绿化种植工程认知

1）绿化种植分区结构（图5-6，表5-7）

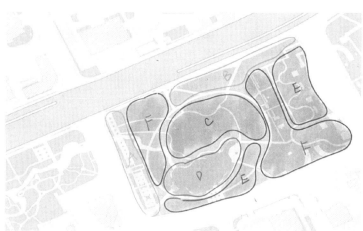

A 沿街种植带——开放型
B 沿街种植带——密闭型
C 中心草坪种植区
D 滨水空间种植区
E 林荫空间种植区
F 生态密林种植区

图5-6 自然生态园绿化
种植分区构图

表5-7 自然生态园绿化种植分区

种植分区	功能	景观效果	郁闭度	主要绿化品种
A 沿街种植带——开放型	遮挡视线 围合空间	树阵	中	香樟、梧桐 杜鹃
B 沿街种植带——密闭型	遮挡视线 分隔空间	高大密林	高	梧桐、玉兰 金边黄杨、石楠、红花檵木、八角金盘、瓜子黄杨
C 中心草坪种植区	吸引视线 美化环境	开阔草坪	低	樱花 混播草坪
D 滨水空间种植区	吸引视线 美化环境	向心景观	低	柳树、海棠、桃树 迎春、连翘、芦苇
E 林荫空间种植区	围合空间 美化环境	林荫	中	桂花、夹竹桃、樱花、蜡梅 杜鹃、大吴风草、瓜子黄杨、金丝桃、女贞
F 生态密林种植区	围合空间 遮挡视线	茂密树林	高	竹、桂花、香樟、玉兰 绣球、石楠、八角金盘、麦冬

2）分区绿化种植特征（表5-8）

表5-8 自然生态园分区绿化种植特征

种植分区	种植特征	示例
A 沿街种植带——开放型	分布在绿地西侧与黄陂南路交接处，通过设置较宽的绿化隔离带，列植梧桐树阵，在城市道路旁创造了可供公共休闲活动的开放空间	

种植分区	种植特征	示例
B 沿街种植带—密闭型	北侧为延安路高架，地形上做了抬高处理，高处密植大乔木（松、香樟、玉兰等）、拔高地形，低处搭配不同种灌木（金边黄杨、石楠、红花檵木、八角金盘、瓜子黄杨等），密植形成屏障 对内：该绿化遮挡了高架，同时隔离一定噪声，给人以亲近自然的安全感，在视觉、听觉感受上营造出舒适的城市中心绿地空间 对外：搭配常绿与落叶树种，给道路创造了一个丰富的景观面	
C 中心草坪种植区	绿地中心为一片面积约 4000m² 的大草坪，北高南低，由北侧的小山坡过渡到南侧水池 草坪中心几乎没有种植其他植物，仅通过地形的起伏和宽度的变化增强纵深感和延绵感，营造出十分开阔的空间氛围；草坪边缘植有华盛顿棕榈、加那利海枣、苏铁等引进植物，中心点缀樱花，形成空间上的变化	
D 滨水空间种植区	水岸边配植垂柳、桃花，使用了"桃红柳绿"的传统手法。同时搭配如水杉、落羽杉、池杉、乌桕、云南黄馨、月季等，丰富岸边景观视线，增加水面层次，突出自然野趣 在驳岸植物的选择上，除了通过迎春与连翘等柔长纤细的枝条来弱化驳岸的生硬线条外，还采用一系列的花灌木和草本花卉来丰富滨水植物景观 水面植物则以稀疏布置为主，留出了开阔的水面	
E 林荫空间种植区	绿地内利用植物形成的林荫空间分布有多处活动休憩区，散布在绿地中的道路两侧 道路的两侧绿化丰富，常绿树与色叶落叶乔木交错所用，树木形态高低参差，植物种植方式不同形成了不同的空间感受；有的乔木的栽种位置离道路较近，冠幅大，枝叶茂盛，形成围合程度较高的遮荫空间；有的离道路较远，冠幅小，叶稀疏，形成相对开阔的林荫空间	
F 生态密林种植区	竹、水杉等群植，树群疏密自然，林冠线和林缘线变化多端，并适当留出林间小块空地，配合林下小灌木和地被植物的应用，层次丰富，幽深自然，富有野趣	

3）绿化种植特殊节点（表5-9）

表5-9 自然生态园绿化种植节点特征

绿化种植节点类型	种植特征	示例
古树名木	朴树树龄已有400多年，孤植于水岸边的景观平台上，以水面为前景，以草地为背景，成为视觉焦点，具有较强的向心性，起到画龙点睛的作用	 
遮挡树篱	利用灌木对影响景观视线的构筑物进行遮挡	 
南侧入口1植物配置	樱花树阵小广场，将视线引向湖面	
南侧入口2植物配置	较高的杜鹃树篱，使空间向内延伸	
西侧入口	精巧的乔灌草植物配置，形成不对称的均衡，富有美感和景观丰富性	
西南入口	地被—灌木—乔木过渡，配合地形过渡抬升	

4）绿化种植特色总结

植物种类丰富，种植密度大，在有限的城市空间内创造绿地最大的利用价值；

中央开阔，外侧包裹围合的整体绿化空间格局；

植物应用形式多样，与地形、水体、道路有机结合，营造不同空间，发挥不同作用；

几乎没有构筑物，空间的限定与划分通过植物进行；

注重色叶植物的运用以及乔灌草的搭配。

（5）竖向及排水工程认知

1）整体竖向格局

图 5-7　自然生态园竖向
格局图（上、中）
图 5-8　自然生态园竖向
空间类型图（下）

延中绿地自然生态园在竖向设计方面，具有如下特征：首先，通过竖向设计高坡消解来自周边环境的干扰和影响；其次，通过竖向塑造缓坡进行植物层次的设置，设计缓坡草地作为中央开阔草地，既满足开放绿地的功能也打造了生动的视觉景观；最后，通过设置中央水域，打造城市湿地，涵养城市水资源，也加深了延中绿地向内凹的空间氛围（图 5-7）。

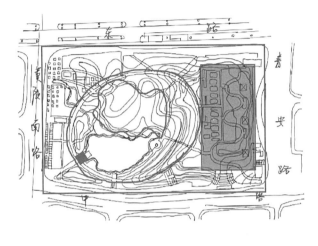

2）竖向空间类型

延中绿地的竖向类型主要以平地、缓坡地、中坡地为主，其分布与休闲区、开阔区、静谧区的分布一致。

静谧区位于地下建筑的上方，以平地为主；休闲区通过缓坡和平地的组合，辅助人造溪流和由不同种植配置的平地；开阔区则由高坡、缓坡、平地和水域构成（图 5-8）。

3）分区竖向特征

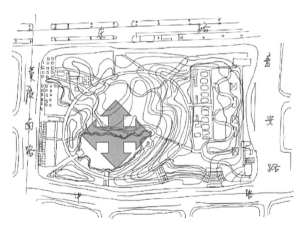

为了遮挡北向高架桥，北部设置了高坡，从空间结构上，由高坡、缓坡、水池、硬质道路逐渐向南侧的商业街道进行过渡。在营造出以内凹性空间形成围绕于场地中心的立体氛围的同时，也通过竖向的策略解决了南北向场地功能的转换以及空间氛围的交替（表 5-10）。

4）场地排水工程

外围道路主要通过硬质铺地排水，中层道路上通过雨水口排水，中心道路主要通过生态排水，并设置一定数量的雨水口（表 5-11）。

（6）夜景灯光工程认知

1）夜景构成

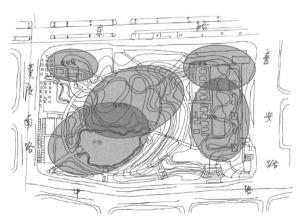

延中绿地的照明以沿道路均匀布置的安全照明为主，保证基本照度。在重要景观节点设有绿化照明和水面照明起装饰作用（图 5-9）。

2）照明灯具类型（表 5-12）

图 5-7　自然生态园竖向格局图（上、中）
图 5-8　自然生态园竖向空间类型图（下）

表5-10 自然生态园分区竖向特征

分区	竖向特征	图示
静谧区	整体抬高，之下是一个地下商场，静谧区的南北入口由楼梯连接，场地内部入口由坡道连接；该区整体标高高于周边路面，但由于丰富的乔木围合，使得这个"高台"并未产生对周边环境瞭望的作用，反而成为一个私密性较强的区域	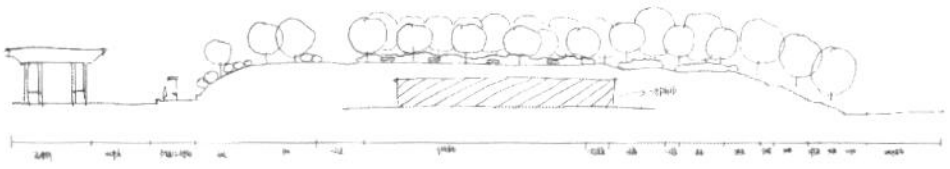
开阔中心区	设想假如利用平地塑造中心区域，则场地的开阔性在周边高楼的影响下会被一定程度地削减。该绿地拉大了场地本身的竖向变化，采取将中心场所下凹，周边进行树木围合，塑造了场地高差有变化且相对独立的氛围；尤其是中央草坪区域，一方面用了较多缓坡的处理，使得使用者可以在城市硬质空间中感受到丰富的高差变化，并且将汇水问题解决；另一方面草坪的平缓与周边的高坡、高大乔木形成了对比和映衬，与周边的高楼拉开差别	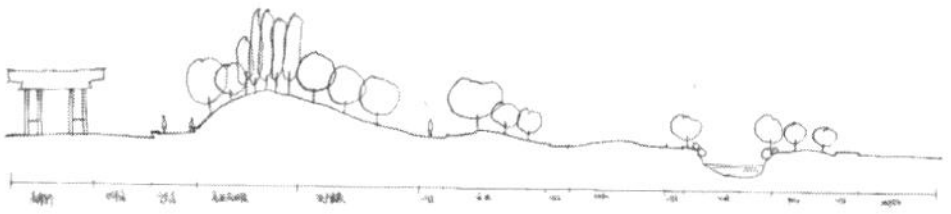
休闲区	休闲区的空间相较于中央区变化不大，主要通过植物的灰空间来进行空间限定；靠近高架桥处同样为了阻隔噪声与车流进行了坡地的高起；区域中的溪流一方面为了呼应另一块绿地中的水流，同时也塑造了竖向上的变化，使得休闲区的景观更加生动	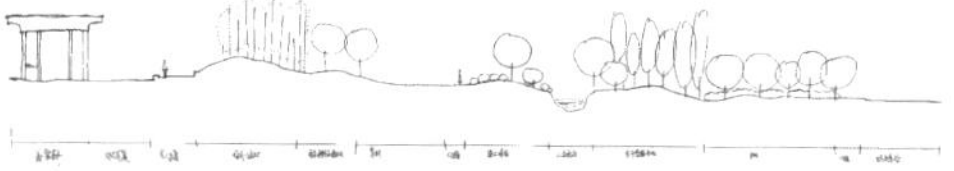

表5-11 自然生态园排水设施类型表

类型	设置位置	图示
雨水口	硬质广场与道路	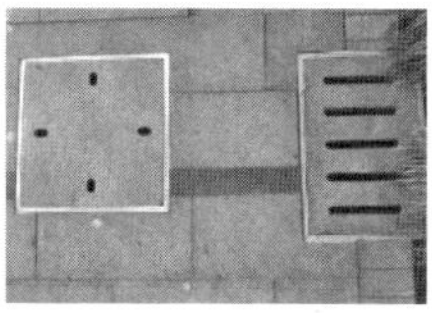 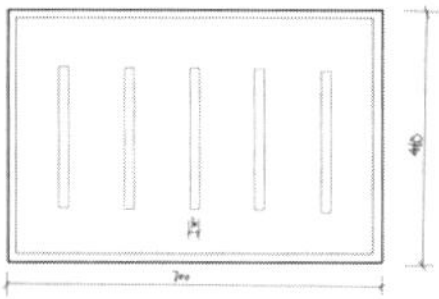
草地盲管	中心大草坪	
建筑散水		 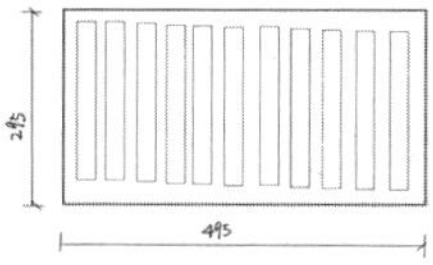 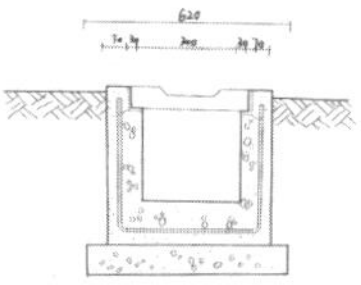

续表

类型	设置位置	图示
建筑散水		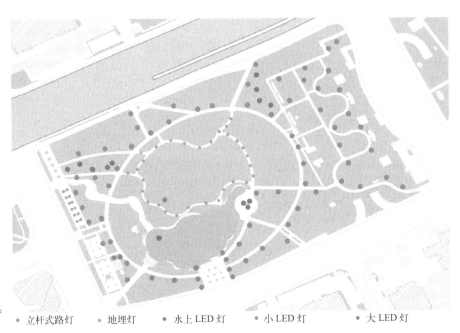
其他	场地、楼梯、坡道顺坡排水	

图 5-9　自然生态园灯具布置平面图

● 立杆式路灯　　● 地埋灯　　● 水上 LED 灯　　● 小 LED 灯　　● 大 LED 灯

表 5-12　自然生态园照明灯具类型、效果及布置方式

现场照片	灯具类型	规格尺寸	安装方式	照明效果	配置位置	照明元素
	路灯	3.5m 高	立杆式，立在主要园路两侧草坪上	泛光，白光	沿主园路均匀布置	道路

续表

现场照片	灯具类型	规格尺寸	安装方式	照明效果	配置位置	照明元素
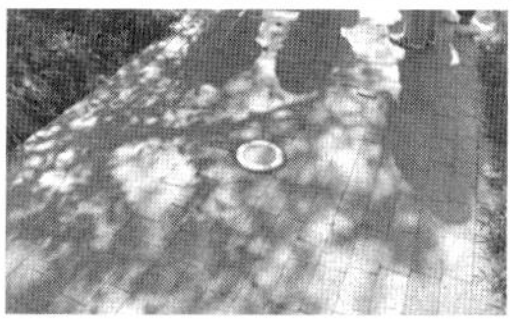	地埋灯	直径230mm	地埋式	泛光，白光	沿次园路均匀布置	道路
	LED投光灯	350mm×330mm×110mm	地面式	特定位置上照，主要起到饰景作用	设置在大型乔木和竹丛旁	绿化
	LED投光灯	250mm×200mm×180mm	地面式	特定位置上照，主要起到饰景作用	设置在小乔木旁	绿化
	LED投光灯	—	水面式	特定方位上照，主要起到照亮水面的作用	水面	水面

（7）构筑物及水景工程认识

1）构筑物认知

延中绿地中的构筑物主要有三处，分别是位于场地西南角的一座临水而建的悦目亭、一处横架于溪流之上的景观桥梁和一处过去作为咖啡的服务设施（现已弃用）。

如下是对悦目亭的系列特性总结梳理（图5-10，表5-13）。

表5-13 悦目亭组成要素及形式

要素	形式与特征
平面	长9.4m，宽8m，趋于长方形平面格局
立面	宽8m，高7m，趋于正方形的立面形式，具有端庄稳重的观感
亭顶形式	属于现代平板亭，用钢筋混凝土形成水平的亭顶板，经找坡后向四周汇水，同时悦目亭四周围着明沟进行排水
结构	以四根外包石板混凝土柱支撑，柱子尺寸600mm×1700mm，厚重感强，搭配钢结构平板屋面形式，梁为工字钢梁，外面包裹了一层不锈钢
立柱、地面与座椅	立柱材料为板岩，地面、座椅材料为花岗石

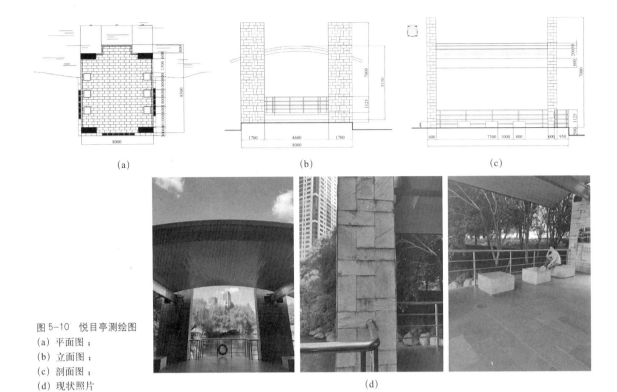

图 5-10　悦目亭测绘图
(a) 平面图；
(b) 立面图；
(c) 剖面图；
(d) 现状照片

场地中的景观桥梁属于平直桥，长 9m，宽度在 2.8m 左右，铺地材料为木板，配套以铁制护栏，因其桥面与水面高差较大，有 1m 左右，护栏高度约为 1.1m，保证场地安全性。

溪流之上的景观桥梁是联系两岸交通，串联游览线路的主要表现形式，同时也起到了点缀水景、分隔水面的作用，该处景观桥梁掩映在丛林之中，忽隐忽现，增加了水景层次，与溪流相得益彰，创造出静谧闲适的氛围，是该片区景观构图的一个重要节点。同时，有很多游客驻足于此，可见景观桥梁又成为场地中一处重要观景点，具有"看与被看"的双层功能。

2）水景认知——赏心湖

赏心湖由细长的溪流区（动水）和呈碗状的自然式中心湖区（静水）组成，在主要观赏点悦目亭外看，水面形状呈越来越细尖的梭子形，这样的作用是水面给人感觉比较深远，空间好像比实际大了，同时湖面东部尽端曲折的形态给人以水面没有尽头的错觉。

该湖水上水岸断面采用缓坡式，该形式造价较低，多用于景观性和生态性要求较高且有大面积用地的情况，植草护坡，适用坡比 1 : 3，最大坡比 1 : 2；料石护坡，最大坡比 1 : 1.5，延中绿地河岸主要采用了料石护坡。

为保证安全性，水下水岸断面采用台阶式，无须设置栏杆，适用于游憩型及观赏型水岸（图 5-11）。

赏心湖驳岸分为自然驳岸和人工驳岸两类。

图 5-11 自然生态园的台阶式驳岸

自然驳岸以植物和石头配置，采用乱石护坡，可以稳固易受侵蚀的堤岸，最大坡比为 1 : 1.5，需定期修补，去除碎片。具体做法则是岸边地势先做得比较低，放置石头，再引水进来，种植花草，这样岸边就会形成很多小的缝隙，为水中螺蛳等其他生物提供生长环境，也为鸭子等动物提供食物，形成良好的生态环境（图 5-12）。

人工驳岸采取现浇混凝土驳岸的类型，靠岸处设计了排水及泄水孔，易受到盐和其他腐蚀影响（图 5-13）。

溪流急流处的坡度在 3% 左右，缓流处为 0.5%~1%，延中绿地的溪流，坡势在 0.5% 左右，场地溪流采用卵石、砾石等铺砌处理，沿水岸变化，通过水深变化栽植了一些湿生植物和水生植物，弱化了河岸的人工痕迹。

（8）景观细部与小品认知

延中绿地自然生态园景观小品的类型如表 5-14 所示。

图 5-12 自然生态园的自然式驳岸

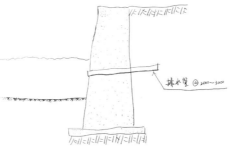

图 5-13 自然生态园的垂直人工式驳岸

表 5-14　自然生态园景观小品类型表

类型	景观小品设施			
休憩类	成品座椅	石制座椅		
便利类	垃圾箱			
信息类	大型信息设施	小型信息设施		
交通控制与防护类	车挡	防护栏		
装饰类	花坛	树池	雕塑	山石
市政类	雨水口	各类井盖		

1）休憩类小品设施

延中绿地的座椅主要有可容纳 2~3 人的成品木制座椅和石制平置式座椅，以及容纳多人的石制平置式座椅，主要沿路分布（图 5-14）。

绿地内有两处分布石制座椅，一个是靠近南侧金陵中路的绿地与道路交界处，线性分布着 5 个可容纳 2~3 人的平置式座椅，另一个是靠近绿地中部百年大朴树下的弧形石制座椅。

延中绿地中的座椅除两处石制座椅以外，皆为同种木制成品座椅，由分布图可知，绿地中座椅主要分布在绿地内部东侧和西南侧靠近道路处，分析其原因可能为：绿地内西南侧靠近商业区及主要道路，人流量大，因此较少在绿地中放置座椅，在西南侧绿地与道路界面上排列了多处连续的座椅序列，为道路上行走的人们提供了休憩场所。

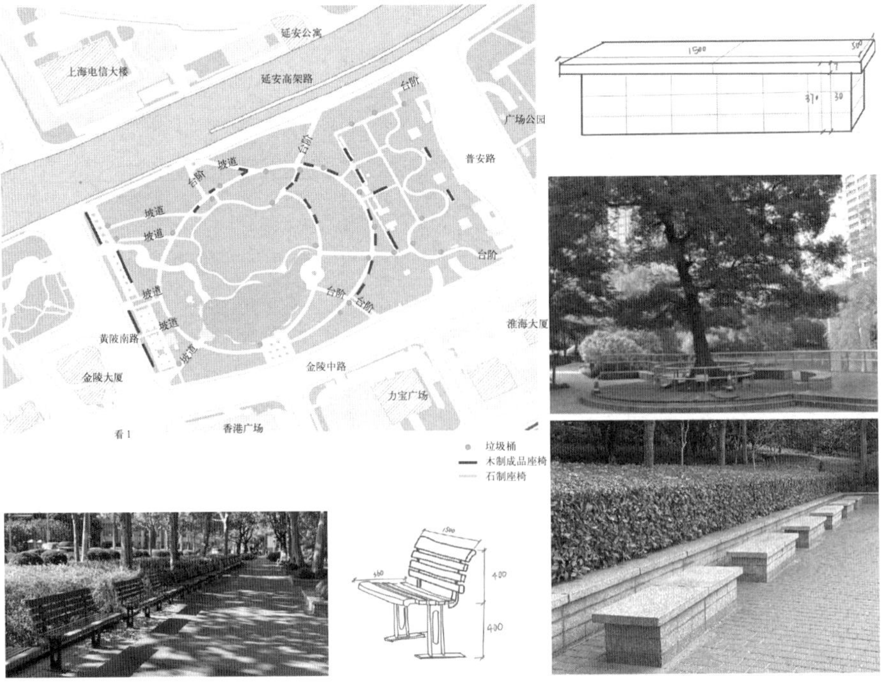

图 5-14　自然生态园座椅分布及形式

2）便利类小品设施

绿地内便利设施主要是垃圾桶，全园的垃圾桶均为同一种，分散在场地的各处，且主要分布在道路交叉口或拐角处。

3）信息类小品设施（表5-15）

园内信息类小品主要有位于入口处的较大型信息设施、遍布园内的温馨提示牌和树木铭牌。

表5-15　自然生态园信息类小品设施

设施	详情	图示
导游牌	布置于主要出入口，延中绿地的导游牌采用木制支柱和玻璃板面结合，使整个导游牌富有亲切感和温度感，与人行道保持一定距离便于阅读	
报刊栏	布置于主要出入口附近，但与导游牌相比位置相对靠内，与人行道保持一定距离便于阅读	
温馨提示牌	具有一定形态和较鲜艳颜色，以引起人们的注意，主要分布在草地和赏心湖边	
树木铭牌	对景观树木、科普树木、稀有树木等的名称、科属、特性、栽植时间等进行阐述，与树木独立布置，延中绿地的树木招牌采用木制材料，与树木主题符合	

4）交通控制类小品设施

交通控制与防护类包括升降车挡、围栏式防护栏杆。

延中绿地中升降车挡都与坡道配合出现，布置在坡道靠近道路一端，阻挡机动车的进入。栏杆分布在绿地西南侧与道路相接处，均为统一的铁质围栏式栏杆（图5-15）。

5）装饰类小品设施

装饰类小品主要有雕塑、山石、花坛与树池等（图5-16）。

雕塑在景观空间中通常作为环境中的视觉焦点，提升空间品质，同时作为文化产品丰富人们的精神生活。延中绿地雕塑有一例，位于靠近黄陂南路的绿

图 5-15　自然生态园
车挡

地入口处，基座类型为石材基座，雕塑主体材料为原石，基座与主体形成光滑与粗糙的质感对比，该雕塑在入口处成为一个标志性景观小品，唤起市民对绿地公共性的认知。

山石造景是具有中国园林特色的人造景观，通常包含假山和置石两种类型。延中绿地主要有置石作为人行道两侧的点缀，部分置石分布于植物群落周围，具有固土作用。

延中绿地的花坛或树池有两种类型，一种为改造前树池／花坛，由块石拼接而成，整体呈暖色调，与绿地整体气氛符合，但时间已久，部分石材错位。另一种为改造后树池，可能考虑到石材产生错位的问题，改造后的树池材料为硅胶拼接的干挂石材，整体色调不如原有树池美观。

6）市政类小品设施

延中绿地的雨水口和井盖主要有以下几种类型：在靠近中部、南部及东部

图 5-16　自然生态园装
设类小品设施

较开阔场地一般采用双层盖板处理的井盖，增强其与场地的融合性与景观效果，在东侧较私密的人行步道上，则采用与铺地材料相结合的处理，使雨水口与场地融合。此外延中绿地还有不同的灌溉控制阀，一般隐藏在地被下，颜色与植被融合（图5-17）。

7）景观细部——台阶与坡道

延中绿地台阶主要集中在东侧与道路高差处。台阶底部留有一缩口，形成阴影强调台阶的形状以提示行人，同时也可增强台阶的景观效果（图5-18）。

延中绿地的坡道主要集中在场地南侧和西侧，绿地中这两侧与道路的高差较小，因此多用缓坡解决场地间高差。

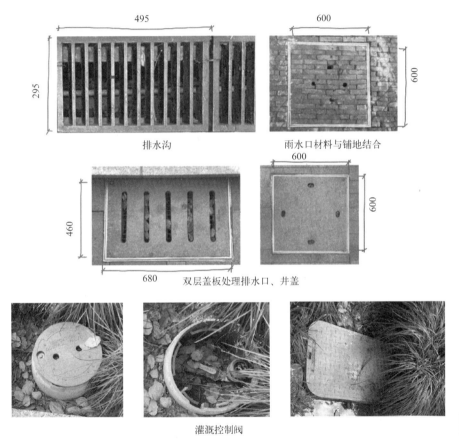

排水沟

雨水口材料与铺地结合

双层盖板处理排水口、井盖

灌溉控制阀

图5-17 自然生态园市政类小品设施

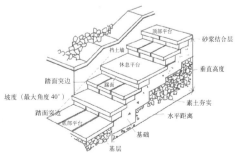

图5-18 自然生态园台阶细节设计

5.1.2 景观详细规划实践

1. 教学目的

作为风景园林规划设计系列课程"景观详细规划"的辅助实践课程，通过该课程达到如下教学目的。

（1）通过实践帮助学生进一步加深对景观详细规划各个教学环节和教学内容的了解。

（2）课堂教学与实践教学结合，弥补课程设计课堂教学环节的不足，进一步强化学生对设计课题相关内容的深入理解。

（3）综合锻炼学生的宏观与微观、逻辑与形象思维能力。

（4）全面培养学生对景观规划设计构成元素的组合能力。

2. 实践内容

上海郊野公园调研实践与专题研究。

3. 内容和要求

（1）了解上海郊野公园的发展背景、发展概况、相关规划与建设特色。

（2）认真分析所调研郊野公园的区位、交通、周边用地关系、主题特色、规划定位、布局结构等，结合专题研究内容进行调研设计（包括调研对象、内容、形式、时段等的设计）。

（3）结合专题研究针对性地开展调研，对诸如郊野公园的土地利用、生态保护、项目策划、景观风貌、交通组织、绿化植被、河湖水系、游憩活动、环境感知、运营管理等专项规划内容选择进行分组专项深入调研。

（4）通过对郊野公园的具体解读与实地空间感知、环境测绘与相关数据采集，全面了解郊野公园规划建设的空间布局与总体结构特征，在此基础上深入分析并比较得出所选取专题调研内容的共性与个性，理解与掌握相关专项景观规划设计的空间逻辑与形态表达。

4. 成果要求

小组分工合作，成果以调研报告形式提交。

（1）调查报告 3000~5000 字，A4 或 A3 图文形式；

（2）内容应包括如下内容。

所调研郊野公园的概况：区位、规模、周边交通等。

规划定位：功能特点、景观特色、主题形象等。

布局结构：总体规划布局结构、功能组织结构、景点布局结构等。

功能分区：郊野公园的主要功能区划分。

专题调查内容及对比研究：诸如郊野公园的土地利用、生态保护、项目策划、景观风貌、交通组织、绿化植被、河湖水系、游憩活动、环境感知、运营管理等，选择其中一项或者若干相关内容。

其他：上述未涵盖所调研郊野公园的其他内容。

（3）所有调研内容均需图文表达，以图解形式表达调研内容。

5．教学内容与学程安排（表5-16）

表5-16 "景观详细规划实践"教学内容与学程安排表

实践阶段	内容与进度	学时	教学方式
任务分解与专题分工	布置题目、明确任务、调研分组、专题分工	2	全班上课、分组指导
	专题讲座，拟定调研纲要	2	全班上课、分组指导
基地调研与专题讲座	实地调研	2+6（课内＋课外）	现场教学
	资料整理	2	分组指导
	专题讨论	2	分组指导
	中期成果交流、汇报	2	全班上课
	补充调研、成果深化	2+4（课内＋课外）	现场教学、分组指导
成果制作与汇报交流	调研成果完善	2	分组指导
	提交调研报告、成果交流测评	2	全班上课

6．实践案例

（1）实践档案

实践名称：上海郊野公园调研实践与专题研究——以廊下郊野公园与松南郊野公园为例

完成人：陈梦璇、薄茗洋、梁妍、林晖虎、孙婧怡、徐凝沙、谢妍、杨潇芬、王诺莎

年级与专业：2016级风景园林

指导教师：李瑞冬

学校：同济大学

实习时间：3年级第2学期（2019年）

（2）实践成果（图文排版见二维码，扫码查看附件）

5.2 集中式实践

5.2.1 风景园林空间测绘实习

1．教学定位与目标

风景园林空间测绘实习是在学生掌握了一定的风景园林及其相关初步理论知识，以及完成了一定量的基础设计后，作为对建成风景园林环境最直接的现场体验，通过对风景园林实体空间的踏勘、调查、测绘及图解，或观摩学习优秀的风景园林规划与设计，或针对不良设计进行审视与评判，透过第一现场的互动教学，使学生理解和掌握风景园林空间的结构格局、要素配置、组合方式

与基本尺度等,为后续的风景园林设计应用打下坚实的基础。其教学目标如下。

(1)培养学生对风景园林设计要素、基本形式与尺度的感知,理解风景园林专业理论知识与实体空间的对应关系,进而培养其对风景园林空间品质的感受、鉴赏与评价能力。

(2)训练学生基于真实基地开展调查分析、实际测量的方法与技能,提升学生风景园林相关制图的方法与技巧。

(3)培养学生身体力行、细致严谨的工作态度,训练团体合作的工作方式。

2. 教学内容与学程安排

教学内容与学程安排分为外业和内业两部分(表5-17)。外业主要为现场踏勘、考察、拍照、测绘等,内业则为图纸绘制与图解表达,并提交最终实习报告。课内或现场集中讲授测量基础、风景园林读图与制图的基本知识、风景园林要素的图解表达方式、风景园林设计基本尺度与材料、数字测绘方法,以及声景测量等内容。

3. 考核、成绩评定方式

根据课程要求、内容组织及教学安排,考核主要由平时考勤、中期外业过程考核、后期内业结果考核三部分组成(表5-18)。

表5-17 "风景园林空间测绘实习"教学内容与学程安排表

教学时段	实践内容与要求	上机或实训内容	建议学时	教学手段
基础准备	理解并熟悉风景园林制图基础、风景园林组成要素及其图解表达; 了解并熟悉风景园林测绘基础、测绘技术与案例、基本测绘工具; 了解风景园林场地材料、园林植物测绘要点、数字测绘与声景测量技巧等	实体空间内使用各类测量工具	16	课堂讲解 动员与安全教育 现场演示
外业实测	熟练掌握风景园林测绘的流程,掌握各种测绘工具及方法的应用,掌握测绘过程的记录方法,掌握测绘校正与核对的技巧; 理解风景园林要素在实体空间中的组成与综合关系,进一步加深对风景园林理论的实践联系; 通过游人行为使用观察,理解风景园林空间的人体适宜尺度	实地测量、行为观察、记录与初步整理	60	实地操作 实地讲解 分组辅导
内业完成	熟悉风景园林制图的规范与要点,掌握具体绘图与表达的方法; 完成测绘对象的主要图纸,包括总平面图、剖面图、节点平面图、节点模型图、种植平面图等; 理解与体会实体空间与图解表达中间的相互关系,提升风景园林设计的基础能力	上机制图并完成实习报告撰写	36	分组辅导
交流总结	学生汇报陈述,指导教师、相关教师及测绘对象相关管理人员等组成的团队点评		8	集体交流

表5-18 "风景园林空间测绘实习"考核评定表

考核形式	考核内容	考核指标要点	比重(%)
考勤	出勤及表现	不缺勤,遵守课堂与现场纪律,主动承担工作,积极配合协调	10
过程考核	中期外业过程、测稿成果	能准确记录测量工作的流程与进度; 能准确记录现场测量信息与要素,并能分类整理与总结; 能完整记录现场风景园林空间的总体与分项特征; 能初步整理实习对象总平面、重要剖面、种植平面等主要图纸	30
结果考核	后期内业测绘成图、实习报告、陈述表达	依照任务书判定测绘成果的完整性; 依照制图规范判别测绘成果的专业质量; 评价测绘图纸的表达,植物采集、材料采集、数字测绘、声景测量等的完成度与表达质量; 评价通过空间测绘实践,学生对风景园林空间的理解与表达的达成度	60
合计			100

4. 实践案例

（1）实践档案

实践名称：家乡风景园林空间认知与测绘

年级与专业：2018 级风景园林

指导教师：周宏俊、杨晨、寇怀云、翟宇佳

学校：同济大学

实践时间：2 年级暑期（2020 年）

实践内容（表 5-19）：该实践为 2020 年疫情之下线上教学的一次特殊尝试，学生在家乡选择某一风景园林空间进行认知与测绘，教师通过线上教学进行指导。从教学结果看，由于学生所在地分布广，选择对象类型多，虽然是个体行为，在总体上完成了一次相当于全国性的综合型风景园林空间认知实践，相互之间的借鉴性较强。同时，本次实践教学均为个体单独完成，整体完成度与学生学习获得反而优于以往的集中分组式线下实践，对今后的实践教学组织与教学方法改革具有相当的启示意义。

（2）绍兴沈园认知及"宋池塘"周边景观空间测绘

完成人：柯楠

指导教师：杨晨

1）沈园整体认知

沈园，位于绍兴市越城区春波弄，是绍兴历代众多古典园林中唯一保存至今的宋式园林，至今已有 800 多年的历史，是国家 5A 级景区。

沈园又名"沈氏园"，它的成名虽得益于陆游和唐婉在此处提的两首《钗头凤》，但它其实只是这段爱情故事的一个见证地。沈园本身作为南宋时一位沈姓富商的私家花园，园内亭台楼阁，小桥流水，绿树成荫，囊括了典型的江南景色。

表 5-19　2020 年同济大学"风景园林空间测绘"实习一览表

类型	实践对象	所在地	完成人	备注
古典园林	沈园	浙江绍兴	柯楠	
	纵棹园	江苏扬州	陈奕凡	
	桂林公园东园	上海	朱成元	
城市公园	梅江公园	天津	赵文萱	
	龙湖葡醍湾公园	山东烟台	高福涵	
	徐家汇公园	上海	方海辰	
	徐家汇公园	上海	张馨元	
	福井友好公园	浙江杭州	程雨佳	
	东升文体公园	北京	米嘉泽	
	三江公园	贵州铜仁	刘涵琪	
	牡丹园	山西阳泉	翟嚣	
	梦湖广场	江西抚州	武思懿	
	青山湖湖滨公园	江西南昌	柯蔚钏	
	滨河运动公园	河北廊坊	刘子瑜	
	世博公园	上海	潘达祺	
	天逸公园	山西运城	张倬瑶	
	普益公园	云南普洱	张霄宇	半古典的城市公园
历史遗址公园	龟尾公园	江西赣州	杨睿超	
	白鸽巢公园	澳门	陆玲	
	南城墙公园	上海	Paulo	
专类公园	抱石公园	江西新余	刘亦凡	名人纪念公园
	金花茶公园	广西南宁	肖雷雅虎	植物专类园
	宁夏森林公园	宁夏银川	刘辰宇	城市森林公园
	鸿恩寺森林公园	重庆	幸梦寒	城市森林公园
	城西湿地公园	广西百色	辛雨潞	城市湿地公园
城市公共空间	三北大街绿地	浙江慈溪	徐炜	街头绿地
	客厅广场	江苏淮安	马可	街头绿地
	贵阳甲秀广场	贵州贵阳	余谦益	城市开放广场
	贞元广场	河南安阳	胡斐然	城市开放广场
居住区景观	大华城小区	上海	胡辰霏	
	万盛花园小区	重庆	郭宜心	
	顺驰蓝湾小区	上海	叶晨菲	
	和协风格首岸	浙江	张欣	
	誉峰圆	广东广州	陈嘉慧	
	华宇名都城	重庆	肖茵然	
	万科森林公园锦园	安徽合肥	王思珂	
建筑附属景观	恒大生活展示区	贵州贵阳	赵雪蕊	售楼处景观
	湖州师范学院小公园	浙江湖州	刘天怡	校园景观
	宝山德尔塔酒店广场	上海	于涵	酒店景观
乡村景观	白马镇农民公园	浙江金华	柳乐乐	乡村公园
	西窑村	山东威海	崔紫琪	乡村公共景观

初成时沈园规模很大，占地70亩之多。但完整保留至今的仅剩古迹区内约7.2亩的"园中园"。2001年沈园规划重建，增设了东苑和南苑两处新景点，为沈园增添了更多的人文色彩。两个新园区延续了沈园"水"的主题，东苑以太湖石假山为主要的造景特色，南苑则以水上戏台为亮点，为沈园注入了新的活力。

2）测绘范围选择

作为仅存的被完整保留下来的原汁原味的沈园，古迹区的景观要素更密集，造景手法也更加丰富。园中的大小植物都有着悠久的树龄，郁郁葱葱的香樟和桂花树，沿湖放肆生长的迎春和其他灌木，都已经随着岁月的变迁达到了它们的最佳状态，因此更能直观地体现出园中植物配置的层次感。

另外，测绘的时间正好是夏季荷花盛开的季节，园中最主要的水域"宋池塘"中开满了纯洁典雅的白荷花，引得众多游人和摄影爱好者们纷纷前来观赏。从路人们的取景框中，许多过往看不到的轴线和对景都更清晰了。不仅如此，从游人们休憩和赏景的状态中，也可以从侧面反映出园林设计的或精彩或不足之处。

在最后选定范围的过程中，考虑到构图和景观单元的完整性，选择了宋池塘周边的景观作为测绘范围，主要包括绕湖一周的赏景区和西南角的休憩区。两个区域的功能不同，所表现出的节奏和氛围也截然不同，体现到植物配置上也有较大的差异。园中包括了三个不同尺度的建筑，分别对应了不同的观景方式和观景状态。

3）实践心得体会

随着测绘工作进行的逐渐深入，确实是越来越体会到了古典园林的魅力。整个沈园古迹区给我的感觉是自然又不失设计，把最简单的东西都做到了最细致。整个古迹区的游线其实不是十分清晰，因为林灌木不多，即使没有铺地，也可以在树下随意穿行。这使得沈园并不像以往我所认知的苏州园林那样有一条明显的游览线路，也没有江浙一带处理滨水景观时经常使用到的廊桥设计。沈园更多给人的感觉并不是给游客看的，而是自我欣赏。作为院子的主人，可以很自然地在园中的任意一个角落休憩，得到不同的观景体验。

但自然并不意味着没有经过设计，在很多方面都可以看到设计者的别有用心。这不仅体现在一些经典的古典园林设计手法上，例如在水体的处理上"藏源"的手法，让水源以一条曲折小涧的形式流入湖中，增添了水的动势；园林中"看与被看"的关系也在几个小的景观建筑中被体现得淋漓尽致，各个建筑的朝向都是没有一个正交或者特定的角度关系的，都是以取景效果为最终参考。园中大小湖面的关系也促成了"观赏"和"把玩"这两种赏荷的方式，园中的尺度都相对较小，基本可以称得上是达到了移步换景的效果。园中的许多设计都是自然的、不刻意的，但可以充分反映出主人的情趣所在。例如造型独特的石桥，以及水源处的小型石瀑和可供踩着过河的碎石，给一些原本略显单调的区域增添了一些活泼灵动的色彩。

在整体把控上，景点的设置是很松弛的，给了游玩者充分的观赏自由。但细节上，沈园又做到了一丝不苟。仅从铺地上来看，尽管用的都是正交或者旋转一个角度这样常规化的手法，但在砖与砖、砖与柱、铺地与边界等关系的处理上都十分的讲究。园中使用了大量的冰裂纹质感的碎石铺装，可以很好地适应沈园中间低四周高的微地形，作为建筑铺地也不失美感。

4）实践成果（图 5-19）

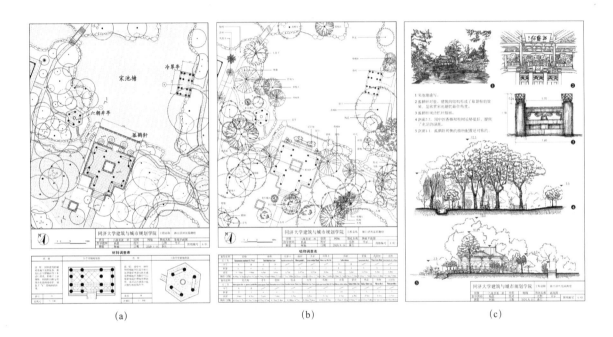

(a)　　　　　　　　　　(b)　　　　　　　　　　(c)

图 5-19　沈园"宋池塘"
周边景观测绘图
（a）总平面图；
（b）植物配置平面图；
（c）测绘表达及剖面图

（3）上海徐家汇公园认知与测绘

1）实践档案

完成人：张馨元

指导教师：寇怀云

2）公园整体认知

徐家汇公园以衡山路、天平路、肇嘉浜路、宛平路为四至，原址为上海大中华橡胶厂、上海百代唱片公司（中国唱片上海分公司）及周边其他单位和居民住宅区域，面积 8.66 万 m²。该公园位于徐家汇商圈人流密集处，徐家汇地铁站及徐家汇商圈均位于 20min 步行圈内，交通可达性高。公园为徐家汇增添了大面积生态绿化的同时，也为周围居民带来了日常休息、游憩的场所，提升了生态环境品质。

公园建于 2000 年，由加拿大 W.A.A. 合作公司和上海市园林设计院合作设计。工程历时 4 年，保留了原橡胶厂烟囱、唱片厂办公楼，传承历史记忆。设计布局呈上海版图形状，模拟黄浦江等水域，并有近 200m 长的天桥贯通，形成地面与空中两层游览体系。公园内地形、水系、植被、铺装、构筑物等各类景观要素完善，是一次对城市综合型公园进行认知的极佳对象。

公园整体采用开放式布局，将公园整体与市政人行道结合起来，使得四条道路上处处都可以进入公园，相当开敞，同时也丰富了人行道的形式，宽敞而充足的绿化，美化了街道空间。

整个公园可分为三个部分。

一为原大中华橡胶厂，主要包括公园的主入口广场和贯穿整个公园的景观天桥，其中一条河流穿插其中，景观精致典雅。主入口广场位于肇嘉浜路与天平路的转角，处于地块西南角，此入口利用台阶提升与周围空间分隔，保留建筑大烟囱并进行修缮成为此入口的标志和最高点。

二为原中国唱片厂，保留具有法式风情的小别墅及百年古树，留下了人文历史的烙印，衡山路一侧更有"人在园中走，车在绿边行"的特点。主要包括次入口广场、大型雕塑喷泉、ART DECO 风格区、林荫大道及殖民地花园等。沿衡山路人行道一侧，公园通过高低不同的景墙做艺术修饰处理，形成 ART DECO 风格区。林荫大道从天平路入口一直延伸至公园中央，中间设置许多座椅供人们使用。衡山路一侧保留了一幢较完整的殖民地风格建筑，并在其东侧设置了规则式的典型殖民地式风格的花园空间。

三为健身运动区，将儿童游乐场地、篮球场、小型足球场等一批群众体育健身场所纳入公园。

3）实践体会

两周的实习非常充实，从踩点、认知到测绘再到最终表达，体验了一次完整的公园认知与测绘。

景观环境测绘就是一次对景观要素和尺度的近距离深度体验，以前在学习景观案例时除了看拍摄的照片，最多就是读图，对尺度的感知还不那么深刻，这次自己拿着卷尺跑上跑下，用汗水换来的经验果然很珍贵。还有就是要灵活变换自己的测绘方法，及时找到适合测量自己场地的方式，有利于提高测绘效率。

之外，自己还意外地获得了一次重温童年、延续缘分的机会。我与方海辰同学小学同班，初中同校，除了高中短暂分别了 3 年，大学又一次重逢了，并且选择了同一专业，想想的确是奇妙又不易的缘分。这次景观环境测绘再续前缘，我们共同测绘了这个位于我们小学旁边、承载着童年回忆的公园，用新的方式再一次认识了这个我悉知了很久的地方。

比较可惜的是测绘过程中没有体验一下摄影测量软件 CONTEXT CAPTURE，我的场地内没有复杂的构筑物，凉亭量出尺寸就直接建模了，只是自己用软件照片建模了一顶"帽子"。今后外出旅游时可以尝试摄影测量一些纹理复杂的构筑物。

4）实践成果（图 5-20）

（4）西窑村乡村景观认知与测绘

完成人：崔紫琪

指导教师：杨晨

1）场地认知

认知与测绘区域位于山东省威海市文登区葛家镇西窑村，面积约为 4300m²。场地属于乡村景观，整体感受可谓"舒适的孤岛"。场地周围树木格外繁茂，加上地瓜窖的遮挡，且这一片区域与村子内大部分的民居有一定的距离，就像一座孤岛。树木阻挡了视线，身处其中有一种隐居的感觉。但是在民居大门前的空地可以通过一个缺口瞭望远方，视野极好。而屋后可以看到连绵的昆嵛山，符合"采菊东篱下，悠然见南山"的意境。

场地很幽静但是不孤独，因为场地内可以发生很多的行为，梧桐与榆树遮荫效果很好，使用者可以坐在菜园围墙上纳凉，也可以在梧桐树下荡秋千，更可以在菜园种种菜等等。场地丰富的景观提供了很多与使用者互动的可能性。

整体地形变化十分复杂，起伏较大，不同区域之间往往通过地形的变化来形成边界。自然形成的边界通常比较模糊，比如地瓜窖与菜园以及道路的边界，是通过地形的过渡来形成的。而人工干预的一些边界则比较清晰，比如屋前平台与屋西侧谷地之间用石头垒起来的边界，但即使是人工干预的边界，相比起城市公园的边界仍然是不规则的。菜园与果园中有许多微地形（如菜园排水沟、"地堰子"等）很重要，体现乡村生产的一些规律。

图 5-20　徐家汇公园测绘图
(a) 平面图；
(b) 上木配置平面图；
(c) 下木配置平面图

(a)　　　　　　　　　　(b)　　　　　　　　　　(c)

(d)

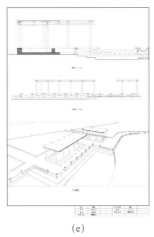
(e)

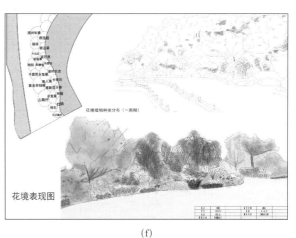
(f)

场地内植物可以按照用途分为三类：

一是生产性质的植物，包括菜园里的作物和果园里的果树，这些植物在区域内占有面积上的绝对优势，在分布上通常有一定的规律，比较集中而规整。

二是遮荫或观赏植物，这些植物集中分布在房屋的周围以及屋前空地上，比较显著的是一棵高达8m的梧桐树，遮荫效果极好，对于屋前空地小气候调节的效果显著，其余的大多数是观赏类的植物，例如紫荆、紫薇、樱花、石榴及白玉兰等开花植物，总体来说屋前空地与房屋周边的植物层次与色彩相对丰富。

三是自然生长的植物，有一些地方属于荒地缺乏打理，因此生长了很多的杂草和乔木，灌木生长较少。乔木当中，榆树占有主导地位，其适应性特别强，因此场地内尤其是屋西侧谷地边界有很多棵自然生长的榆树，它们的形态比较自由。

场地材料：场地内有裸土、花岗石、黏土砖这三种比较有特点的材料，乡野而自然。

2）乡村景观特点总结

相对于城市景观，乡村景观具有不规则、微地形、生产性等特点。

不规则：乡村景观通常不是经过设计的，而是自然的力量和人工的局部改造时间长了积累的结果，所以乡村景观不规则。乡村景观的边界是不规则的，甚至是模糊的，不会有城市广场那样横平竖直或者样条曲线绘出来的边界。而乡村的路也是不规则的，尤其是土路，顺应原有地形的高低起伏，形成一个通道，不存在模数和规范，只有一些宽度限制，比如有些路需要至少一人可以通过，有些需要手推车可以通过，有些则需要拖拉机通过。

微地形：微地形对于乡村景观十分重要。同样是一片比较平坦的地方，菜园和城市广场的感官巨大差异除了植物和铺装不同以外，菜园具有的微地形是使菜园这块平地看起来如此丰富的重要原因。

农村微地形服务于农业生产活动，主要有田垄、排水沟及果树树池等几种。田垄是分开田亩的土埂或田间种植作物的垄，一般会根据田地的形状而选择一

图5-20 徐家汇公园测
绘图（续）
(d) 休息廊平面图；
(e) 休息廊立面及透视图；
(f) 花境测绘图

个长边进行延伸，其作用主要是规整农作物的排列，并且形成自然的浇水沟。排水沟有不同的尺寸，菜园里的排水沟比较浅，通常深 10~20cm，用于抽井水灌溉菜园；而果园里的排水沟比较深，通常是 30~50cm，主要作用是雨天及时排水，防止积水果树烂根。果树的树池通常大小和果树的冠幅相近，有一点类似于田垄，在果树的周围用土堆出一个方形。

生产性：城市公园的作用一般是给市民提供一个休憩游玩的场所，以及改善城市气候。而乡村景观一般是为了农业生产而形成的，所以果园、菜园及耕地等生产性的景观要素是其重点。乡村植物中，单纯为了观赏的植物还是比较少的，更多的是为了生产的植物，比如菜园里的萝卜、白菜、大葱等，耕地里的玉米、红薯、小麦等，果园里的苹果、梨、桃等。即使是房前屋后的绿化，大多数人也选择种植一些杏树、无花果、韭菜、草莓等植物，这些植物通常食用价值比观赏价值高，观果比观花好。

3）实践成果（图 5-21）

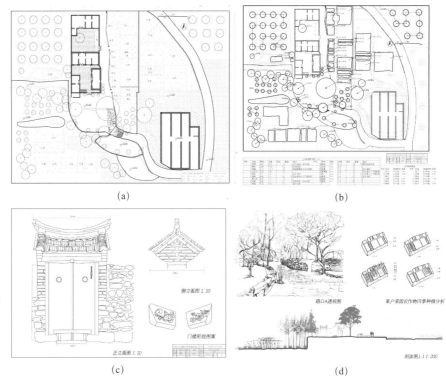

图 5-21 西窑村乡村景观测绘图
(a) 平面图；
(b) 种植平面图；
(c) 门楼测绘详图；
(d) 剖面及透视图

5.2.2 南北方园林综合考察

1. 教学定位与目标

通过实地调研，让学生全面了解和学习我国南北方地区园林传统与现代实例，使学生通过现场实测和视觉记录，积累第一手的资料，并通过总结报告的形式促进学生对实习成果的吸收和掌握，为今后的设计工作打下重要的基础。

　　该实践要求学生在考察实际园林作品过程中体会和领悟"园林规划设计""中外园林史""园林工程""生态景观规划""园林树木学""花卉学""植物景观设计""园林树木栽培学"等课程知识，并与考察实践结合，融会贯通。通过实习活动，开阔学生视野，并培养其一定的鉴赏优秀园林作品的能力。

　　2. 教学内容与学程安排

　　教学内容与学程安排分为外业和内业两部分（表5-20）。外业主要为集中组织的考察、调研、拍照、速写、测绘等，内业主要为实习总结。

表5-20　"南北方园林综合考察"教学内容与学程安排表

教学时段	实践内容与要求	时长	教学手段
基础准备	实习启动与动员会，要求学生仔细阅读实习指导书，公布基本的实习日程安排，介绍综合实习的主要目的和意义，及其他实习中需要注意的问题	4学时	课堂讲解动员与安全教育
外业实测	对实习所在地进行包括踏查、实测、速写和拍照等现场考察；理解实体空间与风景园林理论的联系；了解实习所在地传统实体风景园林空间的特征、布局、元素及设计特点等；了解实习所在地现代实体风景园林空间的特征、布局及设计特点等	2周	实地踏勘现场讲解分组辅导现场实测
内业完成	整理现场速写、拍照、实测等资料；撰写实习总结报告	1周	分组辅导
交流总结	学生汇报陈述，指导教师与相关教师等组成的团队进行点评与交流	8学时	集体交流

　　3. 考核、成绩评定方式

　　考核主要由平时考勤、中期外业过程考核、后期内业结果考核三部分组成（表5-21）。

表5-21　"南北方园林综合考察"考核评定表

考核形式	考核内容	考核指标要点	比重（%）
考勤	出勤及表现	不缺勤，遵守指导书要求，主动承担工作，积极配合协调	10
外业考核	现场记录	学生在实习过程中的作业如速写、图文记录、实测图等 实习过程中各种记录的整理、分类、编排等	50
内业考核	实习报告、陈述表达	学生对实习项目的吸收、理解和体会 归纳和总结	40
合计			100

　　4. 实践案例

　　（1）实践档案

　　实践名称：南方园林综合考察

　　年级与专业：2016级风景园林

　　完成人：姜天筝、黄瑞琦、姚兰、朱炜清

　　学校：北京林业大学

　　实践时间：2019年

　　（2）实践成果（图5-22、图5-23）

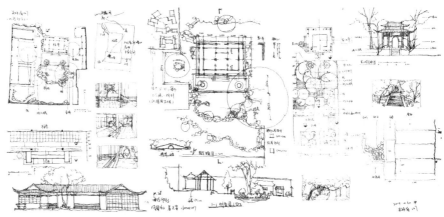

图 5-22　杭州西泠印社
考察测绘图

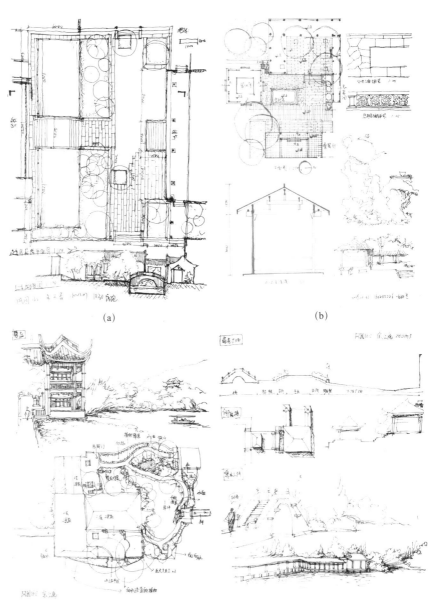

(a)　　　　　　　　　　　　　　　　　　(b)

图 5-23　杭州园林考察
测绘图
(a) 虎跑测绘图（一）；
(b) 虎跑测绘图（二）；
(c) 蒋庄测绘图；
(d) 莳画广场素描图

(c)　　　　　　　　　　　　　　　　　　(d)

第6章
应用型实践教育——风景园林规划设计综合实践

课程大纲与计划
实践案例

　　知识的真正掌握不仅体现在领会知识和巩固知识两方面，还体现在主动而有效地应用知识去解决有关的问题，即体现在知识的应用方面。知识的应用是掌握知识的一个必不可少的阶段。从广义上讲，凡是依据已有的知识经验去解决有关的问题都可以叫作知识的应用。本章所述的知识应用主要指作为知识掌握阶段之一的知识的应用，即指学生在领会所学专业知识的基础上，依据所得的知识去解决同类课题的过程，如根据所学的风景园林专业概念、原理来解决风景园林规划设计、建设管理等问题。

　　应用型实践教育对学生掌握知识、获得能力、培养素质具有如下方面的意义。

　　（1）是专业知识掌握不可缺少的教学阶段

　　通过应用型实践教学，一方面可以对教学效果进行检查与反馈，另一方面也可以加深学生对所获得的知识的理解，巩固所学的概念、原理等。知识应用的过程实际上也是学习的过程，是真正地掌握专业知识所必需的一个阶段。

　　（2）可促进专业知识的广泛迁移

　　通过应用，可以促进专业知识娴熟地掌握。只有熟练地应用知识，才有可能为灵活地、创造性地重组知识提供良好的基础，促进知识之间的联系，进而为更复杂、更广泛的知识迁移奠定基础。

　　（3）可提高学习的积极性与主动性

　　由于学生在校所学的专业知识往往不是他当前生活所急切需要的，而是为将来学习与工作做准备的，因此，学生不易体会到所学知识的实际作用，也难以产生成就感，学习的自觉也就存在一定的局限性。只有通过实际应用，才能使学生体验到所学知识的意义与作用，从而有助于确立起学习的自觉性与积极性，发展学生独立思考的能力，养成独立工作的习惯。

　　（4）有助于专业能力形成与素质养成

　　知识应用是形成能力的一个前提条件，知识的各部分经过应用、练习而紧密地结合在一起，以组块的形式在头脑中表征，使得学习者能够更自如、更有针对性地应对问题，从而形成能力。在应用知识的过程中，可以使学生把获得的知识与分析问题、解决问题的各种技能联系起来，促进知识与技能的相互整合，为培养和提高发现问题、分析问题、解决问题的能力提供充分的机会。同时，在实践应用中，通过向有经验者、合作者等的学习，以及过程中对专业的深入理解，进而培养学生的职业素养。

　　本章重点选择"风景园林规划设计综合实践"作为应用型实践的代表，论述该类型实践教育的目标、内容、流程及案例等相关内容。

6.1 课程大纲与计划

6.1.1 课程定位和目标

风景园林规划设计综合实践是风景园林专业实践教育的重要组成部分，该实践培养学生应用已掌握的风景园林设计、风景园林规划、园林植物学、游憩学、景观生态学、风景资源学、建筑学、城乡规划学及旅游经济学等知识，从专业的角度对风景园林环境进行实地调查研究，总结分析其特点和存在的问题，以及进行规划设计的综合能力，进而锻炼学生观察问题、分析问题、解决问题的能力。课程目标如下。

（1）培养学生对风景园林规划设计课题全面的调查、分析能力。

（2）重点培养学生对风景园林规划设计课题从策划、规划到设计及建造管理的综合能力。

（3）在教学过程中培养学生发现问题、分析问题与解决问题的综合能力和素质，及积极思考、敢于创新、善于合作、积极沟通、集体攻关等方面的能力。

（4）通过实际的工程项目，以实习实践的方式在过程中培养学生的专业价值观、专业道德观及专业使命感，通过不同的实际工程案例进而了解诸如生态文明下的风景园林发展、一带一路与专业使命、乡村振兴与风景园林建设以及经济、社会、生活、文化等对风景园林规划设计的影响等方面的知识，培养学生作为风景园林领域行业引领者的综合能力与素质。

（5）培养学生对生态环境演变趋势的关注、日常生活中对城市环境问题与生态问题的敏锐感知力，审慎独立的思辨能力及分析解决问题的创造能力，在应对全球环境问题时作为风景园林规划设计师应具备的文化自信、社会责任感、使命感和生态正义的人格素养。

6.1.2 教学内容与学程安排

该教育实践以风景园林规划设计课题为实习实践对象，由指导教师带队进行实地考察（可根据实际情况，由校内教师或实习基地教师作为指导教师），以实地现场踏勘、座谈、访谈等方式对风景园林规划设计课题进行基地现状调研，获取第一手资料，并与课题基地所在地方的规划、园林、旅游管理等相关部门进行访谈和对话，了解具体情况。同时可结合课题性质开展专题报告、阅读资料、小组讨论、专题研究、案例分析等具体实践环节。课程内容包含风景园林规划设计课题基地的现状分析与基础资料汇编、规划设计思路与结构、规划设计层面与内容组成分析、规划设计方法与方案制定、规划设计与管理之间的关系等。

具体安排与内容需根据课题性质参照上述内容进行深化制定（表 6-1）。

表 6-1 "风景园林规划设计综合实践"教学内容与学程安排表

实习时段	主要内容及教学要求	学时	教学手段
1	1）理解实习所选择的风景园林规划设计课题所在地基本情况及与之相关的规划资料、相关规范等； 2）实地现场考察，完成实习记录与实习日记	1 周	现场调研、访谈、座谈会、问卷调查、行为观察等
2	1）分层、分项分析相关调研内容，分析风景园林规划设计课题基地的现状问题及发展愿景、提出规划设计策略、制定规划设计概念方案； 2）案例研究、专题分析、小组讨论，制定规划设计方案，并图解表达规划设计内容； 3）完成规划设计总体及专项设计内容，并撰写实习日记	2 周	内业完成，头脑风暴、分组或个人指导、集体讨论
3	1）在完成所选课题规划设计方案的基础上，完成实习报告，参与实习实践活动的师生进行集体交流，并进行实习总结； 2）完成实习报告与实习日记	1 周	内业完成，分组指导、集体交流与讨论
合计		4 周	

上述安排仅供参考，具体安排由实习单位与实习指导教师共同制定。

6.1.3 考核、成绩评定方式

考核内容包括实习日记、实习报告的撰写情况、实习纪律、实习指导人员的评语以及集体交流时的答疑情况等共同组成（表 6-2）。

每位同学需上交的实习报告（A4 文本形式），净字数不少于 5000 字，应图文并茂，内容包括实习的收获与体会；对规划设计课题基地现状的分析和评价、规划设计方案制定的流程解析、规划设计方案的介绍；以及对在实习实践中存在问题的分析与改进的意见和建议等。

表 6-2 "风景园林规划设计综合实践"考核评定表

考核形式	考核内容	考核指标要点	比重（%）
考勤	出勤及实习表现	积极参与实习过程，主动参加实习课题讨论，并善于向所在实习单位指导教师和同事学习	10
过程考核 1	现场调研与分析	掌握实习课题现状调研与分析的内容、方法与技术手段，调研内容完整，分析方法正确，分析结果准确	20
过程考核 2	规划设计方案与过程	全面掌握并提升对实习课题策划、规划设计及建造管理的综合能力	30
过程考核 3	实习报告	报告完整，逻辑清晰，对实习课题解析、规划设计成果介绍与展示全面	20
过程考核 4	交流与表达	能利用语言、图表、图片与媒体以及新型技术手段对实习成果进行交流与表达，逻辑清晰，表达完整	10
过程考核 5	实习日记	通过实习日记能反映在实习过程中从知识、能力到素质的培养与提升过程，反映通过实习培养的从业技能与素质	10
合计			100

6.2　实践案例

6.2.1　实践档案

完成人：陈敏思、林诗琪、郭晓彤、王为峰

年级与专业：2015 级风景园林

指导教师：李瑞冬、潘鸿婷（实习基地指导教师）

学校：同济大学

实践时间：3 年级暑期（2018 年）

实践时长：4 周

实践题目："光明田缘"生态田园综合体景观专项规划

项目依托单位：同济大学建筑设计研究院（集团）有限公司

实践内容：参与"光明田缘"生态田园综合体其中湿地景观区、薰衣草种植试验区、半岛花田景观区及花田港汊景观区的专项规划设计。

6.2.2　实践项目及任务简介

1. 项目概要

"光明田缘"位于崇明岛西北部，总体落位于长征农场内，西至洪中河，东至北横引河，南北至长征农场边界，总用地面积约 21.09 km²。包含核心生态景观区、农场生活风貌区、河道及鱼塘养殖区、大地景观种植区等。作为集现代农业、休闲旅游、田园社区为一体的田园综合体项目，该项目是国营农场转型发展、特色小镇建设和乡村综合发展模式的试点，是在城乡一体格局下，结合光明食品（集团）有限公司未来发展，实现新型城镇化、产业、经济、社会全面发展新的尝试。

2. 任务概要

（1）任务认识

景观专项规划设计是基于《光明田缘生态农业综合示范区详细规划方案》，对核心区生态景观区的专项深化规划设计，具有如下主要意义：

①可有效推进"光明田缘"水、田、花、岛、林、屋等整体景观风貌格局的形成与塑造；

②可对本项目大地景观肌理的生成、农田林地的划定、水系水体的形成、景区景点的塑造等做出详细规划设计措施；

③可对后续水体开挖、地形堆叠、绿化种植、交通与游览体系构建、服务设施布局等建设形成指导性文件。

（2）设计范围与规模

本次景观专项规划设计范围为"光明田缘"核心生态景观区，总面积约

$7.14km^2$。实习小组参与了其中湿地景观区、薰衣草花田试验区、半岛花田区、花田港汊景观区的景观专项规划设计。

（3）设计深度

作为"光明田缘"的专项规划，本项目设计深度为景观规划深度，部分专项达到方案设计深度。

6.2.3 实践流程

在实践中结合设计院工作环境，在为期一个月的实习实践中，如图6-1所示工作流程完成实践教学任务。

6.2.4 实践成果

1. 湿地景观区

（1）功能分区

根据总体规划结构将整个湿地景观区分为基底营造区与活动体验区两大功能类别（图6-2，表6-3）。

基底营造区：主要以生态湿地营造为主，内部布置必要的道路和少量服务设施。分为入口湿地净化区、湿地观鸟保育区与湿地林带缓冲区三个功能区块。

图6-1 实践教学流程图

活动体验区：主要以活动体验为核心，景观营造围绕活动布置。分为湿地酒店休闲区、湿地骑行游憩区和清水大闸蟹科普区。

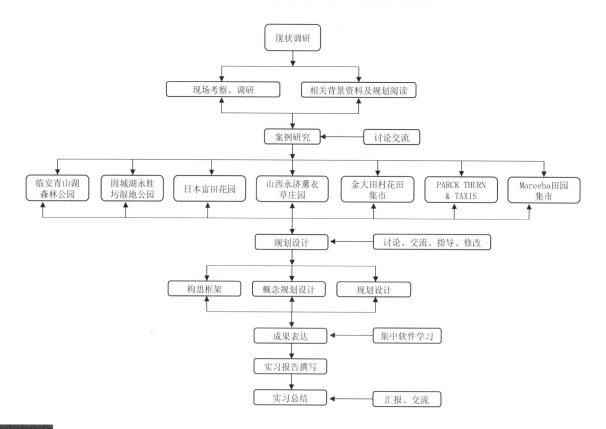

（2）水系专项规划

1）湿地区净化

湿地区的净化，表面流与潜流并用。

表面流湿地净化：结合水底高程变化控制水流方向，在湿地表面布水，水流在湿地表面呈推流式前进，在流动过程中，与土壤、植物及植物根部的生物膜接触，通过物理、化学以及生物反应，污水得到净化，并在终端流出。

潜流型湿地净化：湿地中根据处理污染物的不同而填有不同介质，种植不同种类的净化植物。水通过基质、植物和微生物的物理、化学和生物的途径共同完成系统的净化。

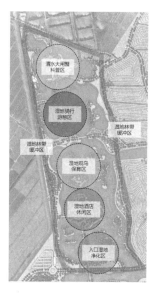

图 6-2 湿地景观区分区结构图

表 6-3 湿地景观区分区功能及体验表

类别	分区	功能	活动体验	景观体验
基底营造	入口湿地净化区	作为湿地区与南部大湖面的接口，布置湿地净化岛组团，净化水质	布置一条景观道路穿过主岛，作为湿地酒店与南部主公路的连接入口；其余岛屿不可进入	景观道路两侧布置特色植物；其余岛屿以净化类湿地植物为主，靠近景观道路布置观赏植物
	湿地观鸟保育区	作为湿地区内鸟类栖息地，布置可供鸟类生存的森林湿地岛屿以及觅食活动的湖面	布置不影响鸟类栖息的木栈道、观鸟平台；鸟类栖息岛不可进入	考虑木栈道植物的变化，和鸟类栖息活动区域间设置一条湿地植物缓冲带
	湿地林带缓冲区	作为环湿地区的大基底，将湿地区用乔木林带包裹，形成特色带状景观带	布置主要电瓶车道穿梭其间	考虑人于电瓶车上的景观变化，以及主要视线关系上的绿化景观变化
活动体验	湿地酒店休闲区	作为湿地区内主要承担住宿功能的场所，民宿酒店与湿地景观结合	布置民宿酒店和与酒店相关的活动（餐饮、健身等）	结合酒店分布考虑
	湿地骑行游憩区	作为湿地区内与湿地近距离接触，发生密切游憩活动的场所	布置特色骑行道、漫步道、水上活动区域（轮滑运动、飞镖等）	考虑特色骑行道、漫步道上的植物变化，以及主要视线关系上的绿化景观变化
	清水大闸蟹科普区	作为湿地区内主要的餐饮、活动场所和科普教育场所	布置餐饮建筑、民宿建筑、科普馆建筑、垂钓区	结合清水大闸蟹养殖科普流程，布置各功能建筑分布考虑

2）水系竖向规划

基地内水系有高差存在的地方运用表面流湿地净化原理；高差相同的地方，为加强水循环净化水质，采用潜流湿地净化。

竖向信息：规划后水系连接外河道河口共 2 处，连接内湖口 3 处。由于接通南部内湖，基地内水面高程与南部内湖高程一致，为 3.0m，基地内水深为 2.7~3.6m。

水循环净化：水流向遵循外河口→小湖面→大湖面，大湖面→小湖面→内湖口的原则，以此达到水动力循环，实现表面流湿地净化；河底高程相同的小湖面运用潜流型湿地净化原理布置河底基质与植物（图6-3）。

3）生态格局

基地内生态格局形式为"基底缓冲型"，即在缓冲区作为基底的基础上拥有一个核心修复保育区，几个分散分布的游憩活动区（图6-4）。

湿地观鸟保育区生态斑块（修复保育区）：①修复保育区对应功能分区中的湿地观鸟保育区，其生态格局范围比功能分区中的范围更广，为了利于物种生存，基本斑块符合鸟类适宜栖息地面积范围（1.5~30hm²），并尽量保持斑块完整以提高稳定性；②为了利于物种交流、传播与迁移，斑块边界宜弯曲，并且有突出的边缘延伸；③在修复保育区内禁止机动车通过，只可在边缘设置少量步行道。

缓冲区斑块：①包裹修复保育区斑块，宽度宜设置在100m左右，利于物种迁移；②在基地中具体呈现为植被缓冲斑块以及水面缓冲斑块；③在缓冲区斑块1内，可设置与游憩活动斑块相适应的活动延伸与相搭配的植物景观；④在缓冲斑块2内，应设置干扰强度较低与湿地紧密相关的活动项目，如观鸟、观植等，并且避免机动车干扰。

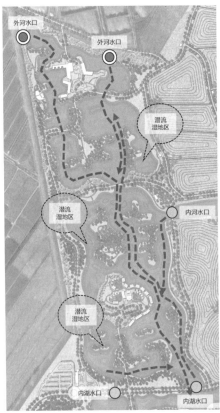

图6-3 湿地景观区水系流向关系图（左）
图6-4 湿地景观区总平面图（右）

游憩活动斑块：宜分散布置以减弱干扰，在基地内对应着功能分区中的湿地酒店休闲区、清水大闸蟹养科普区，分散在湿地景区的两头，减弱对湿地的干扰。

4）岸线规划

岸线类型：根据生态格局规划和景区功能分区，将湿地区的岸线分为生态型湖岸和观赏型湖岸2种类型，具体细分为6种类型的岸线：林岛观赏型湖岸、缓坡生态型湖岸、湿岛观赏型湖岸、栖息生态型湖岸、浅滩观赏型湖岸、酒店观赏型湖岸，其中缓坡生态型湖岸为主要岸线形式（图6-5）。

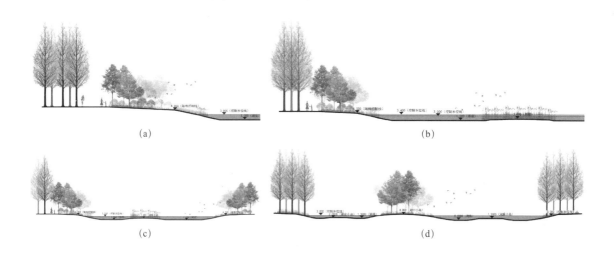

图6-5 湿地景观区岸线断面图
(a)断面图1(水深1.0m)；
(b)断面图2(水深1.5m)；
(c)断面图3(水深2.0m)；
(d)断面图4(水深2.5m)

驳岸放坡：鱼塘改造后对原有的鱼塘驳岸进行放坡，形成30°自然安息角以下的自然缓坡。基地内边坡比在$\frac{1}{8} \sim \frac{1}{4}$之间，普遍为$\frac{1}{8}$。

（3）道路系统专项规划（图6-6）

1）出入口与停车场

根据周边交通与规划区总体人流情况，规划设置湿地景观区入口为：

①主入口：1处，位于景区最南端，以此作为车行进入景区的主要空间；

②次入口：4处，1处位于景区南部与鱼塘相连，3处与东侧薰衣草花田
试验景区连接；

③停车场共3处，分别为：

光明田缘景区北停车场：位于主入口西侧，规划停车位100个，作为湿地景观区主要使用的停车场；

湿地酒店停车场：规划停车位20个，作为辅助使用的停车场；

清水大闸蟹科普区域停车场：规划停车位16个，作为辅助使用的停车场。

2）道路系统

景区内的道路分为以下4种：

①车行主路：为游客驾车游览景区的主要道路，路宽6m，部分结合自行车道进行设置，双向二车道，建议为沥青路面；

图 6-6 湿地景观区道路
交通系统规划图

图例
⬆ 主要出入口
⬆ 次要出入口
↔ 主要车行道
↔ 次要车行道
↔ 主要骑行道
Ⓟ 集中停车场
Ⓟ 辅助停车场
🚌 换乘中心

②车行次路：主要满足后勤、防汛等需求，路宽 3m，为单向车道；

③自行车道：自行车骑行作为光明田缘景区特色休闲项目，需创造景区内连续的骑行道，路宽 3m；

④休闲步道：结合游憩需求进行设置，路面可采用透水砖、木板、卵石等多种材料。

（4）绿化种植专项规划

场地的种植规划以湿地生境营造为主要目标。

现状鱼塘经改造后所表现出的湿地景观有林地、沼泽、草甸、水域等不同生境，不同生境中的植物群落的多样性也决定了动物多样性。湿地介于水体与陆地间，它的动物群落包括鸟类、兽类、爬行类、两栖类、软体动物、鱼类等。以上动物群落及其环境形成了一个完整的生态系统，其中，生产者为各类植物，一级消费者为水生昆虫、软体动物、食草鱼类等；二级消费者为两栖类、食肉鱼类；三级消费者为爬行类、高级消费者为鸟类；分解者为土壤中的腐物寄生菌将各类排泄物分解为无机盐再次提供给生产者。

在种植规划中，将设置一级消费者食源地，同时一级消费者成为二级消费者的捕食对象，食源地即湿地生境种植区；将东西滨水区域设置为鸟类栖息地，植鸟类喜栖树种,丰富湿地生物群落多样性,将湿生水生植物与乔灌木相结合,增强生境异质性。

对湿地景观区的种植规划如下（表6-4、图6-7）。

表6-4 湿地景观区种植规划表

分区	种植特色	植被组成	郁闭度	色相与季相变化	建议树种	
					乔灌木	水生/湿生植物
湿地酒店附属种植区	位于景区南部,配合酒店格局进行种植,植物季相变化丰富,景观较为开敞	该区以观赏性较强的色叶树为主,滨水区域种植湿生植物	中	丰富	水杉、旱柳、榔榆、乌桕、无患子、枫香、木芙蓉、蜡梅等	荷花、香蒲、鸢尾、睡莲等
清水大闸蟹科普种植区	位于景区北部,保留了原有鱼塘的肌理,在种植上加以强调;以休闲功能为主,景观较为外向	该区以旱柳与樟树为基调树种,列植乔木强调鱼塘的网格肌理,密植灌木与湿生草本构成滨水界面景观	中	丰富	水杉、旱柳、樟树、乌桕、无患子等	云南黄馨、芦苇、香蒲、荷花等
湿地生境种植区	位于景区中偏北部,该区乔灌木、高草、低草、浅水植物兼具,主要作为鸟类食源地,种植可供鸟类栖息的乔灌木与鸟类食源所需的植物	该区植物为乔草结构,乔木群落结合湿生草本,形成以芦苇、荻等挺水植被为主,其间有小面积的苔草类植被的群落,提供可供鸟类栖息的树枝	高	丰富	水杉、旱柳、女贞、冬青、苦楝等	金鱼藻、荇菜、芦苇、荻等
净化湿地种植区	该区位于南侧入口附近,考虑湿地的净化功能与入口的景观效果,种植具有净化功能的湿生植物与具有观赏效果的湿生植物与水生植物,景观效果较为开敞	该区植物以耐水湿的灌草为主,考虑入口景观效果,选用具有较高观赏价值的植物且满足减缓水流速度、净化水质的功能需求(除氮磷能力强:菖蒲、菰、灯芯草);在道路周围种植水杉,不上人岛屿上的乔木以点景的乔木为主,乔木种植密度小	低	一般	水杉、乌桕、木芙蓉等	鸢尾、菖蒲、美人蕉、菰、灯芯草等
休闲湿地种植区	疏林结合低草或高草湿地,提供休闲活动的空间,呈现较为疏朗开敞的自然景观	落叶乔木与常绿乔木成组点缀于湿地高草或低草植物中,临水界面种植开花湿地植物	中	中等	旱柳、水杉、女贞、乌桕、枫香、白蜡等	芦苇、苔草、香蒲、茭白、莼菜、狐尾藻等
东滨水林带种植区	位于景区西侧,边缘营造鸟类栖息地;考虑车行与人行的动态观景需求,植被层次丰富,色相明快,形成倒影效果,景观较为外向	水杉与落羽杉构成背景,中间点缀色叶小乔木群,前景为水上的漂浮植物或湿生低草,形成林水相间的水上森林	高	丰富	水杉、落羽杉、池杉、三角枫、乌桕、苦楝等	水杉、落羽杉、池杉、三角枫、乌桕、苦楝等
西东滨水林带种植区	位于景区西侧,边缘营造鸟类栖息地;对西侧薰衣草田起适度遮挡的作用,部分开敞,使游人可隐约看见薰衣草田;同时在滨水部分营造湿地氛围,起薰衣草田—湿地的缓冲作用	乔木种类以常绿阔叶乔木为主,基调树种为旱柳与香樟,部分滨水区域种植鸟类喜栖树种与湿生植物营造鸟类栖息地,部分种植色叶树增加景观层次	中	一般	香樟、旱柳、水杉、三角枫、乌桕、苦楝等	芦苇、茭白、香蒲、菖蒲等

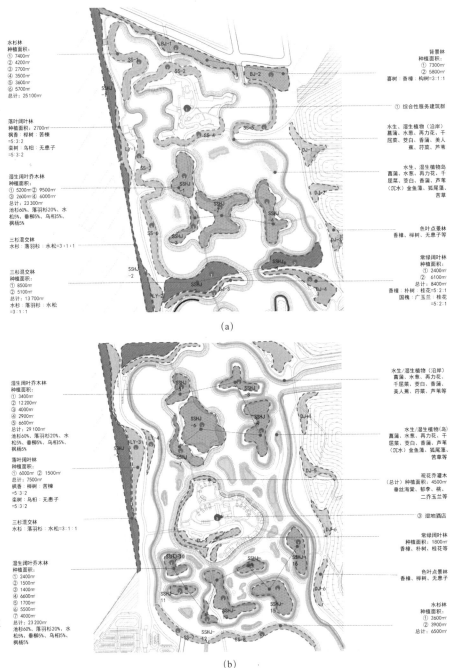

图 6-7 湿地景观区种植
规划图
(a) 北区种植规划图；
(b) 南区种植规划图

（5）服务设施布局规划

该区主要的服务设施为湿地酒店与清水大闸蟹科普基地。

湿地酒店：为度假型酒店，主要以家庭与散客为服务人群。酒店空间布局采用独栋＋排屋组合的形式，保留部分原有鱼塘，形成 3 个小型水面，独栋住宿建筑围绕水面形成组团，紧邻酒店中心服务区；滨水界面房屋沿水岸形态线型布置，南面以排屋为主，东南面以独栋观景建筑为主。

清水大闸蟹科普基地：主要包含餐厅、民宿、科普馆、垂钓场等设施，并设置自行车停放点与电瓶车停靠站。空间上根据岛形、路网、景观视域、功能等采用分散式布局，局部以连廊串联主要建筑，以求达到建筑与景观的充分融合。

2. 薰衣草花田试验区

（1）景区概况

薰衣草花田试验区主要以花海大地景观组成，根据"光明田缘"大色块的景观特点，打造万亩花海，整块区域由道路和水系分割为生产型花田、景观型花田以及果园三个区域。结合农场特有的资源优势，以薰衣草、果园等经济作物形成生态农业的景观特色。

道路系统组织上将原有的田埂路景观化，辅以游步道穿插于花海之中，形成层级丰富的道路系统。并将现状农业设施改造为既能承担生产服务功能，同时能为游客提供饮水、如厕、小型餐饮等服务功能的基础设施点。

（2）薰衣草种植研究

1）环境条件要求

温度：生长期最适合温度为 20~30℃，昼夜温差大有利于油脂积累。

降雨：薰衣草性喜温暖湿润，生长初期和中期都需要一定的降雨量。

风：大风暴雨会影响收割期薰衣草的含油量和含脂量。

光照：薰衣草属长日照植物，生长期间需要充足的光照。

2）种植方式

由于薰衣草地下根茎入土较浅，抗涝能力弱，所以根据其灌水及排水需要应种植在一定坡度的地形上，以山脊、山丘等隆升地形为主。种植量为生产型每亩地 1200 株左右，观赏型每亩地 1500~2000 株，疏密程度根据地形的变化情况而不同。

3）风向与地形

崇明岛地处北亚热带，气候温暖湿润，日照充足，主风向为 SSE 和 NNE，风能最大值也出现在 SSE 和 NNE 方向。地形堆砌的走势与风向大致相垂直，可最大限度地降低风力对薰衣草造成的破坏。

隆升地形的风速变化具有一定规律，风速一般随着高度增大，坡度大则会形成加速效应，在山脊近地表面最明显，盛行风向与山脊脊线正交时，气流加速较大，倾斜时加速作用减弱，在山脊峰处达到最大。

综合风向、风速以及薰衣草的排水需求，对地形的堆砌进行一定的限制：山脊尽可能垂直于主导风向位置，山尖尽量平缓，上升坡度到山顶应连续，圆球形山的风速增加要弱于脊形山，最佳坡度在 5%~10% 之间，阳面坡度可稍微提高，阴面坡度稍微降低。同时根据这种特征，薰衣草种植密度从近地面向坡顶处可以逐渐疏植。

（3）种植地形塑造

根据薰衣草的种植要求，结合崇明地区的风向、土质、地基承载力等基础条件，在种植地形塑造上采用（1∶20）~（1∶10）的坡度，相对高度4~5m，最高处7.5m的技术标准进行地形堆坡。生产区地形相对规整简洁，体验区则结合游览道路、设施分布、活动策划等形成高低错落、形态和坡度变化丰富的地形空间格局（图6-8）。

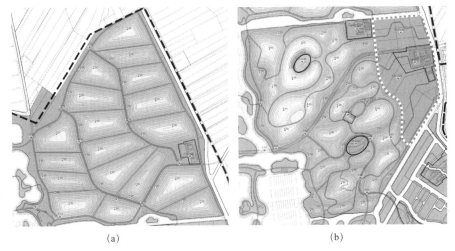

图6-8 薰衣草花田试验区地形塑造图
(a) 生产区地形塑造图；
(b) 体验区地形塑造图

(a)　　　　　　　　　　　(b)

（4）活动策划与组织

薰衣草种植区域分为生产型种植和景观型种植两大片区，生产型种植区域地形堆砌相对规则有序，方便生产活动；景观型种植区域设计布置了薰衣草花田剧场、薰衣草迷宫、景观栈道、浪漫谷薰衣草集市等多个景点（图6-9）。

1）薰衣草花田剧场

地形堆砌的类盆地形式包围中央平坦的剧场，游客坐在坡地花田间可以聚焦于中心的演出活动，也可作为重要的仪式如婚礼、节庆等的举办地，在外围花海的衬托下，对于气氛的烘托与渲染都更加有利。

2）花田迷宫

薰衣草以特定的序列排列种植，人工地组成迷宫，再配合以特定的乔木种植对方向进行引导，周边设置娱乐设施，围绕迷宫可形成以亲子活动为主题的花田景区。

3）景观栈道

以西安万桥花园和衢州鹿鸣公园为借鉴，设置一定长度的景观栈道，栈道通过水岸，跨越平地、丘陵等多种地形的花田，游人步行其中，时而遁入花田，时而俯瞰水面，在不同场景的转换中感受丰富的景观体验。同时栈道高于水平面一定距离，可以瞭望西南部的大型水面，成为观赏水上活动的绝佳场所。

功能布局
① 香草博物馆
② 香草体验中心
③ 紫色宣爱广场
④ 自行车道
⑤ 花间栈道
⑥ 农业服务设施
⑦ 薰衣草种植区
⑧ 林盘种植区

图 6-9　薰衣草花田试验区景观体验区平面图

4）浪漫谷

被大片薰衣草花海包围的山谷，形成浪漫为主题的摄影绝佳场所，可以承办婚纱摄影等活动并为其提供各类器材、道具，配合特点丰富的场地，为情侣们创造完美的拍摄环境。

5）花田集市

受 PARCK THURN & TAXIS 农业主题公园的启发，在花海中心圈出特定的场地作为集市，为游客提供一个薰衣草副产品的直营地，花海包围的市场能够直观地展现出薰衣草从种植到收获、生产、加工成为产品的整个过程，与该区域原有的农业背景相契合，挖掘出创新的农业生产价值。

3.实践体会

（1）湿地景观区实践心得体会

1）陈敏思同学心得体会

本次实习初次接触到了一个正在进行的实际项目，感受颇深。

第一点：比起平常课程设计接触的任务，实际项目出于对成本和效益的真实考量，更加关注场地本身，特别是在对湿地区内的水系进行梳理时，一开始依然按照以往的设计思路，先进行功能划分，但却忽略了场地本身鱼塘特征的利用，没有考虑到对原有塘堤的利用，也忽略了湿地景区应有的结构特征，做出的水系不像是湿地风貌应有的水系特征。今后应同时对原有场地、目标类型、功能等多方面进行思考。

第二点：这次实习接触的是一个尺度范围很大的景区的景观专项规划，一开始对于尺度的把控仍显稚嫩，把景区当成公园做，不停地将功能灌入，抓错重点，幸而经老师多次提醒与指导，重点抓住湿地区内的重要活动功能组团，其余的作为景观氛围基底进行考虑。

第三点：设计过程中得到了很多实用的小窍门，做出的图纸少了一些形式，但多了很多对实际功能、真实空间的思考，例如机动车道路和人行道的曲度与衔接关系、巴士的停靠与服务设施建筑的关系、建筑的排布与水系水湾的利用之间的关系等，这样的图纸才是真正讲道理的、合理的美。

最后，十分感谢老师以及设计院项目组学长学姐们在这一个多月实习时间中的耐心指导！

2）林诗琪同学心得体会

本次实习过程中接触到了一个实际的项目，让我对实际项目的规划设计方式有了更深刻的了解。前期调查中，对于案例的分析总结、对于上位规划的解读与课程作业相比，要考虑更多的要素，在此阶段我也对湿地的特征以及湿地的建造有了更深入的了解，拓展了生态学相关理论课程的知识。

规划设计阶段中，方案同样也要综合多项要素进项考量，才能使其具有更多的合理性，在进行水陆关系的调整时，一开始的方案与此地块并没有发生太多的联系，如何将此类半陆半水湿地与其他水体湿地区别开来应是规划设计的关键，而后经过多次修改，研究鱼塘型湿地的改造方式后，才找到了合理的设计方式。

此地块与课程设计中的课题最大的不同是这是一个景区，它的逻辑与公园设计不同，不是追求处处可达，而是以点、线带动全区的发展，这也是最初我所误解的部分。景区相较而言更要考虑整体性及对比于其他景区的异质性，以达到吸引游人的目的，在进行道路规划时，应考虑是否通行便捷、是否体验丰富，同时考量大尺度与小尺度的体验。同样在进行种植规划时，从整个生态系统出发进行种植规划设计，再从场地特质出发，进行不同的植物群落组合，形成丰富的湿地生境。本次实习也是我初次接触酒店布局规划，虽然最后的方案不够成熟，但对酒店的布局方式也有了进一步的了解。

在本次的实习中学习到了许多之前未接触的事物，同时对已学习的知识也有了更深层次的了解，很开心能参与一个实际工程项目，同时也感谢老师的耐心指导！

（2）花田半岛区实践心得体会（郭晓彤）

假期的实习让我们有机会接触实际工程，了解了从规划文本到方案初稿以及后期实施的一些流程。有机会将课程学习的内容与实际结合，同时也对风景园林设计工作有了更加直观的认识。前期的准备阶段，通过阅读文本了解实际工程中的规划深度。对比于课程设计，此次项目规划的范围更大，各项要求也更多。不同于平时课程设计的纸上谈兵，真实项目要求更多要结合实际并考虑很多限制因素，比如土壤、风向、湿度和农作物轮作等情况，因此在设计前也查阅了农业种植、水稻、向日葵等种植相关的农业知识。

我们实习的主要内容是在原有大线条规划基础上的进一步深化。结合之前风景区规划的内容，关注线路的布局形态、游线体验、项目活动设置、整体气氛营造及景观地形等方面。旅游规划中的流线需要便捷可达，游线安排的丰富体验和景观设置也需要反复推敲。在这样大面积的区域内如何营造纯粹却不单调的花田观光体验是非常重要的。除了适当的活动体验场所，要保证农业作物的生产性与观赏性，保留纯粹的花田景观而不是全部布满景观点。

而丰富的体验感，则可以通过骑行线路的形态布局与视觉场景的改变来营造。整条骑行线路贯穿全岛，经过宽广开朗的水稻田、鲜艳的油菜花天和向日葵花田、浓郁树荫的林间小道、开敞的滨水平台等不同的特征场地。

在完成规划中，我最大的观念转变是不再纠结总体的形态细节，而是关注整体流线的合理性与逻辑性。甚至草图中只是文字和简单的符号，主要的是服务站的位置以及具体安排什么功能，道路关注的是出入口的数量和位置以及是否能形成景观回路，种植则考虑景观效果和科学合理性。这是大尺度的规划设计与之前的景观设计很大的区别。

成果的绘制也更加注重图纸的规范性，实际工作中图纸软件的绘制要求更加清晰的图层和表达，这也是平时作业中缺乏的。通过这次实习，我们学到了很多实用的知识和技术，虽然整体方案的设计还不成熟，但也算有尝试大尺度的景观规划的经历，这些知识对于之后的学习有很大的帮助。

同时感谢老师的耐心指导、项目组团队的帮助和组内同学的互助！

（3）薰衣草花田试验区实践心得体会（王为峰）

经过一个多月的实习，在老师和团队学长、学姐的帮助下学习了很多，也收获了很多。这是第一次真正意义上的参与一个最终会建成的度假区景观项目。在投入实践的过程中对自己的基础能力是一个很快的提升，包括一遍遍地画草图改草图，渐渐训练出了用最高效与最简便的方式表达出概念。另一方面也学会了很多绘图软件的绘图技巧。除此之外，我想最重要的是各方面综合能力都有了一定的进步，包括对整体时间的把握、逻辑思考的能力、团队合作的精神等。在学校学习得再多都不能缺少实践的训练，期待这个工程真实建成的那天。

第 7 章

综合型实践教育——毕业设计

课程大纲与计划
实践案例

综合，是将已有的关于对象各个部分、方面、因素和层次的认识联结起来，形成对研究对象统一整体的认识。其不是关于对象各个构成要素认识的简单相加，是将事物或对象的各个部分与属性联合为一个整体的过程。

本科学习阶段最为综合的实践教育莫过于毕业设计，其不仅是对学生大学所学知识与能力的最后检验，也是一个将所学知识、能力得以应用，并在此过程中建构自我学习能力的综合过程。

7.1 课程大纲与计划

7.1.1 课程定位

毕业设计是针对应届本科毕业学生进行专业教学的最后必修实践课程环节。

通过毕业设计的全过程教学，在检验学生对已学基础知识、专业知识和技能的应用能力的同时，在教师指导下，帮助学生结合实际课题学习新的专业知识，并进行融会贯通和综合运用，从而达到培养学生综合运用所学的基础理论、专业知识和基本技能的能力；提高学生查阅、收集资料并进行分析和研判的信息处理能力；提高学生发现、分析与解决实际问题的能力；培养学生独立工作能力和集体协作精神；提高学生包括任务计划安排、规划设计、绘图协作、口头和书面表达等综合水平，从而使学生得到从事实际工作所必需的综合训练，具备进行科学研究工作所必需的基本能力。

毕业设计作为培养学生创新精神和实践能力的一次较为系统的训练，课程目标如下。

（1）培养学生调查研究、查阅中外文献、收集、分析资料，以及对规划设计数据处理的综合能力。

（2）培养学生理论分析、制定规划设计方案的综合能力。

（3）培养学生策划、规划、设计、绘图、交流与表达的综合能力。

（4）培养学生综合分析、归纳演绎、编制设计说明书及撰写科技论文的综合能力。

（5）培养学生对外语、计算机及现代信息技术应用的综合能力。

（6）培养学生自主学习、独立思考、团队合作的综合能力。

（7）培养学生树立正确的专业价值观念和职业道德。

7.1.2 选题要求与管理

1. 选题要求

由于风景园林专业的实践性，毕业设计应选择综合性、真实性的课题，课题在广度上应覆盖从自然保护区、风景名胜区、城市绿地系统到城市公园绿地、建筑附属园林景观等所有类型，在深度上应尽可能覆盖从总体规划、详细规划到具体设计的不同规划设计阶段，使得学生对已学的基础知识和专业知识进行综合运用，并结合实际学习新的专业知识。

选题应能够达成毕业设计所确立的7项课程教学目标。

2. 选题管理

（1）毕业设计课题可由指导教师、学生或企业（实习基地）提出，并以书面形式陈述课题来源、内容、难易程度、工作量大小等情况，经学科团队讨论审定后，由指导教师填写毕业设计任务书。任务书必须认真填写，除提供完成毕业设计必要的内容、要求和应完成的工作外，还要按各环节拟定阶段工作进度，列出参考文献目录。由多个学生共同完成的课题，应明确各个学生独立完成的工作内容。

（2）任务书须经学科团队审查，本科教学主管或系主任签字。任务书一经审定，指导教师和学生便不得随意更改，如因特殊情况需要变更的，必须经学科团队同意，并报教务处批准。

（3）选题和审题工作应于前一学期完成。任务书应在毕业设计开始前发给学生，并及时填写"（　）大学（　）届毕业设计（论文）情况汇总表"，交由学院教务科审核、汇总后，报教务处实践教学科备案。

7.1.3 对指导教师要求

1. 基本要求

（1）指导教师应由讲师或相当职称以上有经验的教师、工程技术人员担任。助教、研究生不能单独指导毕业设计，但可有计划地安排博士研究生协助指导教师工作。指导教师由学科团队安排，报本科教学主管或系主任审查。

（2）为确保毕业设计的质量，每位指导教师所指导的学生人数原则上不得超过6人。指导教师在学生毕业设计进行期间，要严格执行教学计划及教学规定。

（3）指导教师应为人师表，立德树人，一方面在业务上对学生严格要求，认真指导，另一方面也要关心学生的生活和思想，作学生的良师益友。

（4）指导教师对毕业设计的业务指导，应把重点放在培养学生的独立工作能力和创新能力方面，应在关键处起把关作用，同时在具体的细节上要大胆放手，充分发挥学生的主动性和创造性。

2. 具体任务

（1）选择课题：根据课题定位，结合教学目标和要求编写毕业设计任务书，经学科团队审阅，本科教学主管或系主任批准后下达给学生。

（2）审定学生拟定的开题报告以及设计方案。

（3）对学生每周至少进行不低于 8 个课时的教学答疑和指导、工作进程控制与毕业设计质量的检查。

（4）指导学生正确撰写毕业设计（论文）。

（5）在毕业设计结束阶段，按照任务书布置的要求和"本科生毕业设计撰写规范"审阅学生完成任务情况，同时对学生进行答辩资格预审，并指导学生参加毕业答辩。

（6）学生在完成毕业设计后，指导教师收齐学生毕业设计全部资料，列出清单。根据学生的工作态度、工作能力、设计质量写出考核评语及评分的初步意见。

7.1.4 对学生要求

（1）努力学习、勤于实践、勇于创新、保质保量地完成任务书规定的任务。

（2）尊敬师长、团结协作，认真听取教师和与课题有关工程技术人员的指导。

（3）独立完成规定的工作，不弄虚作假，不抄袭别人的成果，根据情节严重程度做警告、严重警告、不及格乃至取消学籍处理。

（4）严格遵守纪律，在指定地点进行毕业设计工作。因事或因病，要事先向指导教师请假，否则作为旷课按学籍管理有关规定进行处理。

（5）毕业设计成果、资料整理好应及时交给指导教师，并将电子文件上传至作业提交系统。

7.1.5 教学内容与学程安排

在毕业设计过程中，学生需自觉做到因地制宜，理论联系实际，充分反映建设用地环境的物质、社会、经济、文化和空间艺术内涵，使规划设计的成果既切合实际、又具有相当的前瞻性和超前导向作用（表 7-1）。

表 7-1 教学计划及进度表

序号	教学时段	教学要求	训练内容	学时（周）
1	任务解读、现场调研与分析评价	明确任务，了解关于毕业设计的所有要求、了解项目背景 基础知识准备：相关资料研读、现场调研、分析及评价	任务分解、目标制定、计划安排、现场调研与分析	1~2
2	研究报告	完成与课题相关的英文翻译 完成开题报告	外文翻译与专题报告研究方法	1~2
3	专题研究	了解国内外同类项目规划设计动态，熟悉国内外同类规划技术规范，分析核心专题任务，完成专题研究	专题研究技术路线与方法	1~2
4	规划设计	结合课题综合运用所学知识进行规划设计，确立目标、策略、总体布局、专项与详细设计等	规划设计综合训练	7~9

续表

序号	教学时段	教学要求	训练内容	学时（周）
5	成果制作	正图绘制、规划设计说明写作、规划文本写作、毕业设计报告撰写	图纸制作与文本撰写	2~3
6	毕业答辩	展板、多媒体演示制作及毕业答辩	设计表达	1
合计				16

7.1.6 毕业设计要求

（1）学生必须独立绘制完成一定数量的图纸，工程图除了用计算机绘图外，可包含 1～2 张（2 号以上含 2 号图）手工绘图；一份 15 000 字以上的设计说明书（包括设计说明、调研报告等）；参考文献不低于 10 篇，其中外文文献要在 2 篇以上。

（2）每位学生在完成毕业设计的同时要求：

①翻译 20 000 外文印刷字符或译出 5000 汉字以上的有关技术资料或专业文献，内容要尽量结合课题（译文连同原文单独装订成册）；

②使用计算机进行绘图，或进行数据采集、数据处理、数据分析，或进行文献检索、论文编辑等；

③毕业设计要严格按照"大学本科生毕业设计（论文）撰写规范"进行撰写。

④毕业设计提交成果如下：

A4 装订毕业设计（论文）1 本；

A4 装订成果集 1 本（以图为主，图文混排）；

A2 手绘图纸 2 张；

展板 1 张（2 张 A0 规模，以图为主，图文混排）。

7.1.7 评价与考核

（1）毕业设计成绩的评定，应根据学生完成工作任务的情况（如：业务水平、工作态度、设计说明书的撰写和图纸、作品的质量等），以及答辩情况为依据。

（2）评定成绩必须坚持标准，从严要求。毕业设计成绩采用百分制或 5 级记分制（即优、良、中、及格、不及格）。

（3）学生毕业设计成绩包括指导教师评定、评阅教师评定、答辩委员会评定（包括展板、毕业设计成果集、答辩）三部分组成。

7.1.8 毕业设计资料的管理

学生毕业设计资料在上交后，由相关资料室统一保存管理，保存期不少于 5 年。其中部分优秀毕业设计同时送学校档案馆存档。

所有学生毕业设计资料同时上传至作业提交系统进行电子存档。

7.2 实践案例

7.2.1 阿里巴巴西溪园区五期项目景观规划设计

1. 实践档案

项目依托单位：同济大学建筑设计研究院（集团）有限公司

完成人：包琳、张皓仪、吴昀眙（组长）、蔡欣宜、杨紫晗、梁引馨

年级与专业：2016 级风景园林

指导教师：李瑞冬

学校：同济大学

实践时间：4 年级第 2 学期（2020 年）

实践时长：16 周

毕业论文分题目：

园区景观发展脉络与趋势——包琳

场地文脉组织与利用——张皓仪

行为与空间组织关系——吴昀眙

多维空间的景观设计——蔡欣宜

交通、流线与空间形态——杨紫晗

建筑与景观空间协同——梁引馨

2. 课题概况与任务

（1）课题背景

阿里巴巴集团作为最有代表性的国际性互联网创新企业，其业务板块包括电子商务服务、蚂蚁金融服务、菜鸟物流服务、大数据云计算服务、广告服务、跨境贸易服务，以及前述 6 个电子商务服务以外的互联网服务。阿里巴巴已经形成了一个通过自有电商平台沉积与 UC、高德地图、企业微博等端口导流，围绕电商核心业务及支撑电商体系的金融业务，以及配套的本地生活服务、健康医疗等，囊括游戏、视频、音乐等泛娱乐业务和智能终端业务的完整商业生态圈。

目前位于杭州西溪湿地区域的阿里巴巴西溪园区一至四期已经建成，拥有大量的现代建筑、众多的年轻员工和多样的活动需求，创造了良好的社会、经济和生态效益，为湿地环境中建设现代化园区提供了一种新的方法和思路。

杭州市余杭区政府官方于 2019 年 3 月 6 日发布了《关于对传里科技(杭州)有限公司电子商务软件设计研发中心项目（阿里巴巴西溪五期项目）规划方案进行公示的说明》，对规划项目展示方案征询广大市民的意见和建议。

作为一项实际社会服务项目，本课题以真实基地为对象，选择"阿里巴巴西溪园区五期项目景观规划设计"作为毕业设计课题，课题范围包括该项目红线范围内建筑室外场地空间的景观设计，以及周边相关的外围道路和滨水绿道

空间的景观设计，总规划面积约 33.36hm²。希望通过调研、资料收集、文献检索以及案例分析等前期研究，充分运用本科所学的理论知识和实践技能，合作完成课题研究和规划设计任务，根据分工完成该项目的专题研究与规划设计工作，并撰写相应的说明书和绘制相应的规划设计图纸。

基地位于余杭区五常街道、文一西路北侧、高教路东侧、新桥港南侧，原为浙江理工大学校址。用地红线内项目用地性质为工业用地（创新型产业），总用地面积 265 669m²。地块内包含 7 幢通用软件生产用房、2 幢配套及附属用房，以及 1 个体育场，总建筑面积 978 608m²，其中地上建筑面积582 608m²；地块容积率 2.2，建筑密度 35%。

（2）课题任务

课题分基础分析、专题研究与规划设计 3 个层次的工作。

1）基础分析

收集场地现状、建筑总体布局、建筑设计、相关需求、参考文献等资料，对项目设计进行基础分析。

2）专题研究

根据小组分工主要完成 6 个方向的专题研究，具体如表 7-2 所示。

3）规划设计

规划设计分为总体布局、专项设计与分区详细设计 3 个层面的工作(表 7-3)。

表 7-2 毕业设计专题研究表

专题名称	任务
园区景观发展脉络与趋势	旨在通过对与本项目相类似的园区景观的历史发展、特征分析、发展趋势等方面的研究，总结当前大型园区景观设计的共性与个性，从而对本课题提供可资借鉴的经验与方法
场地文脉组织与利用	通过对项目区位、周边关系、阿里巴巴总部从一至四期，到五期的发展，基地从原浙江理工大学到 IT 总部园区等相关的场地文脉关系的研究，探索场地文脉的组织与利用方式与方法，为项目景观设计总体布局提供基础性的策略（图 7-1）
行为与空间组织关系	通过对阿里总部园区人员的属性分析，探索园区内使用人群的行为特征与规律，探索行为与场地空间的相互关系，从而为项目景观设计总体布局提供空间布局的设计策略（图 7-2）
多维空间的景观设计	通过分析研究目前建筑附属景观的空间组成，探索从地下庭院、地面景观到垂直空间、立体空间、空中露台、屋顶花园等多维空间景观设计的共性与个性，从而将相关设计策略在本课题中得以应用
交通、流线与空间形态	分析场地内外的交通组织（包括公共交通和私人交通）、车流与人流的动线关系、建筑内外各功能区的人流动线规律、访客与员工等不同人群的流线关系等，探索基地的交通组织关系、运营管理措施、人流线路安排等，从而为项目景观设计的空间组织提供坚实的基础依据
建筑与景观空间协同	通过分析当前建成环境的复杂性，调研相关案例，剖析大型建筑（包括室内与半室内空间）与景观场地在诸如功能拓展、活动外延、设施互补、空间联通、景观互借等方面的协同关系，从而从景观设计的思维去补充、完善、优化与美化建筑空间，进而形成本项目建筑附属景观空间的设计策略与方法

表 7-3　毕业设计工作层面及任务表

工作层面	任务
总体布局	包括设计目标与定位、理念与策略、总体布局、功能组织、空间布局、行为与活动组织、交通与流线组织、管理与运营组织、经济与技术指标等
专项设计	包括绿化种植、道路与场地、夜景灯光、户外家具布局与设计、基础设施布局、高新科技应用等专项设计
分区详细设计	根据总图布局确立的诸如入口区、中心庭院区、楼间景观、室外办公区、运动区、滨水区、外围绿道区、露台与屋顶花园区、地下空间景观区等不同空间的详细设计

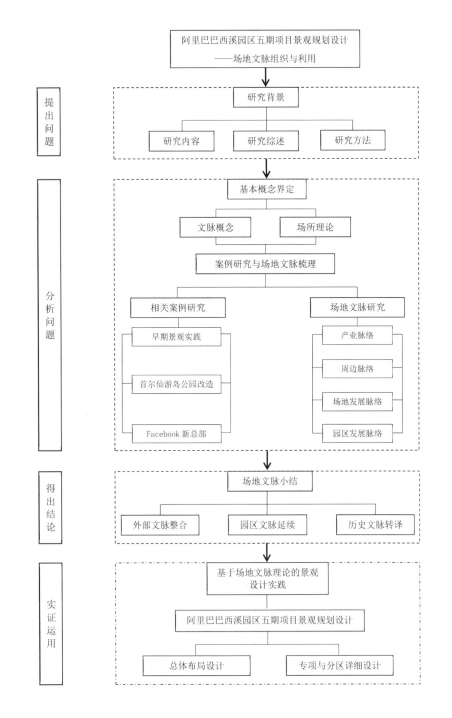

图 7-1　"场地文脉组织与利用"专题技术路线图

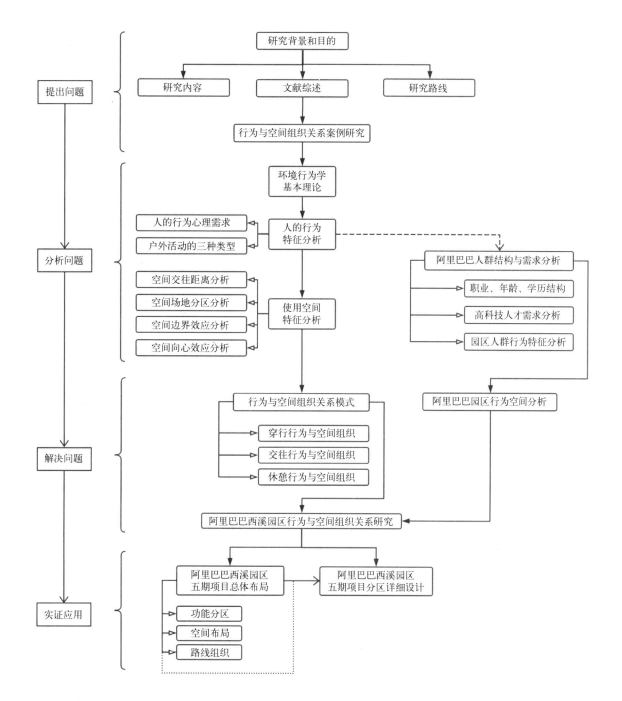

图 7-2 "行为与空间组织关系"专题技术路线图

3. 毕业设计技术路线

针对不同专题分解制定不同的技术路线（图 7-1、图 7-2）。

4. 实践成果

（1）毕业设计（论文）（节选，图 7-3~图 7-5）

（2）外文翻译（节选，图 7-6）

（3）图文集（节选，图 7-7~图 7-9）

（4）设计展板（图 7-10~图 7-15）

阿里巴巴西溪园区五期项目景观规划设计
行为与空间组织关系

摘 要

　　阿里巴巴集团作为最有代表性的国际性互联网创新企业,西溪园区五期是其杭州总部的第五期项目,将打造一个集智能化、人性化、创意化、共享化、互动化、多元化为一体的互联网企业园区。本文从对园区人员的构成分析出发,研究其行为规律及对户外景观空间的需求关系,通过解析阿里"动物"文化的特点,为园区的总体布局和景点设计注入企业文化要素。

　　基于阿里人员行为规律、"动物"文化及相对应的空间关系,结合三生万物的哲学理念,提出西溪五期项目"三重园"的多维结构,打造空间、时间和精神三重的公园体系。

　　户外家具及小品布局与设计专项从使用者的生理和心理需求出发,以"智能集约,个性协调"为设计策略,对园区内外的户外家具进行分类、集约可行性分析及集成设计,系统整合为5大类集约类型,约50项集成设计,并通过对户外家具的形态、色彩和文化要素的控制,以求达到户外家具设计的人性化、一体化、智能化和个性化。

　　交流环详细设计在现有建筑设计的基础上,丰富交流环的形态,拓宽转角空间;串联建筑室内外,使其成为人工和自然的过渡空间;在满足交流的同时,联通多维度交通,创造立体、生态的景观界面;将阿里"动物"文化要素应用与传译为功能空间组织和景点设计。通过组织节点型、过渡型和通道型三类空间的关系,对地面、二层、三层交流环三重空间进行设计,打造"三重园"中的空中交流公园。

图 7-3　中文摘要　**关键词:** 阿里巴巴园区;行为与空间;阿里"动物"文化;户外家具设计;交流环

Landscape Planning Design of Alibaba Fifth Project of Xixi Park
Behavior and Spatial Organization

ABSTRACT

As the most representative Internet innovation enterprise in the world, Alibaba Fifth Project of Xixi Park is the fifth phase of Alibaba's Hangzhou headquarters. It will create an intelligent, humanized, creative, shared, interactive, diverse An integrated Internet enterprise park. This paper analyzes the composition of the park's personnel, studies its behavior and the relationship between different needs of the space, provides a layout basis for the overall layout of the park, analyzes Ali's animal culture, summarizes the characteristics of Ali's animals, and applies it to the design and attraction of attractions The overall layout.

Based on the behavioral rules of Ali personnel, animal culture and its spatial relationship, combined with the philosophy of "Three create everything", the multi-dimensional structure of the "Triple Garden" of the five-phase project was proposed to create a three-level park system of plane, space, time and spirit.

The layout and design of outdoor furniture and sketches are based on the physical and psychological needs of people, and use "intelligent intensive, personalized coordination" as a design strategy to classify, analyze and integrate the outdoor furniture inside and outside the park. The system integration is 5 Large-scale intensive type, about 50 integrated designs, by controlling the form, color and cultural elements of outdoor furniture, in order to achieve humanization, integration, intelligence and personalization.

The detailed design of the communicating loop enriches the shape of the communicating loop and widens the corner space on the basis of the existing building design; connects the interior and exterior of the building in series, making the junction a transitional space between man and nature; while meeting the communication, Unicom has many Dimensional traffic creates a three-dimensional, ecological landscape interface; applies animal culture elements to various scenic spots and translates them into different functional spaces. By organizing the relationship of three types of space: node type, transition type and channel type, the triple space on the ground, second floor and third floor communicating loop is designed to create an aerial communication park in the "triple park".

Key Words : Alibaba Park, Behavior and Space, Ali 'animal' Culture, Outdoor Furniture Design, Communication Loop

图 7-4 英文摘要

目 录

图 7-5　目录

(a) 目录（一）

(a)

(b)

图 7-5 目录（续）
(b) 目录（二）

一、文献译文

工作场所的建成环境对工人幸福感的影响（节选）

哈娜·阿莱森（Hana Alaithan）

亚利桑那州立大学

2019 年 8 月

摘要

工作场所是人们在那里度过生命中大部分时间的地方。它不仅仅限于办公楼和公司。每栋大楼的每个部门确实都有一些幕后工作，试图改善社会。工作环境必须满足工人在身体、情感、心理和精神需求之间的要求。因此，员工可以提供出色的绩效和更高的生产效率，从而实现团队、公司的成功。这项研究的目的是探讨大公司用来吸引新员工的不同策略，并确保现有员工在工作场所中的健康。除了在先前的研究中调查工作场所环境对工人幸福感的影响之外，本研究还分析了六起公司总部的典型案例，并评估了其设计技术。结果表明，这些公司具有相同的因素来提高工人的福利。灵活的工作空间使员工能够选择在哪里，如何工作以及何时工作是首要因素。其他因素还包括促进身体运动，减轻压力和沮丧感，以及建立私人空间或设施以激励工人。大多数案例都涉及室内设计中的鼓舞性鼓励，这是提高工人健康水平的主要因素。此外，建筑物中的某些应用技术类似，例如提供灵活的工作场所，而其他技术则根据公司行业、形象和位置而变化。

图 7-6 外文翻译

（a）中文翻译摘要

（a）

二、文献原文

The Influence of the Built Environment of the Workplaces on the Workers' Well-being （Extract）

By Hana Alaithan

ARIZONA STATE UNIVERSITY

August 2019

ABSTRACT

Workplaces are the place where people spend mostly half of their life there. It is not exclusive to office buildings and companies; indeed, in each department in every building there are individuals working behind the scenes in an attempt to better the society. The workplace environment must accomplish workers' requirements that vary between physical, emotional, psychological, and spiritual needs. Thus, the employees can provide high performance and be more productive, which leads to a successful group, corporations, society, and world generally. The aims for this study were to explore the different strategies that big companies used to attract new employees and to ensure the well-being of the current workers within workplaces. In addition to investigating the effects of the workplace environment on the workers' well-being in the previous studies, this research analyzes six cases of good examples for companies' headquarters and evaluating their design techniques. The results showed that these companies share the same factors to increase their workers' well-being. Flexible work spaces that provide workers the ability to choose where, how, and when to work is the first factor. Promoting body movements, reducing stress and depression, and building private spaces or facilities to energize workers are other factors. However, most of the cases involved the inspirational encouragement in interior design as major factors to enhance workers' well-being. Furthermore, some of the applied techniques in the buildings are similar, like offering a flexible workplace, while others vary following the company industry, image and location.

图 7-6　外文翻译（续）

（b）英文原稿摘要

Alibaba Fifth Project of Xixi Park €

CONTENTS

专题研究

现状分析

总体布局

专项设计

详细设计

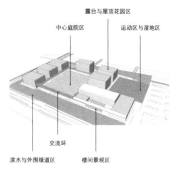

图 7-7 图文集目录

02 区位分析
Location Analysis

2.1 产业区位

　　课题基地位于浙江省杭州市西侧余杭区，未来科技城阿里巴巴西溪园区内，总规划面积约 33.36 hm²。

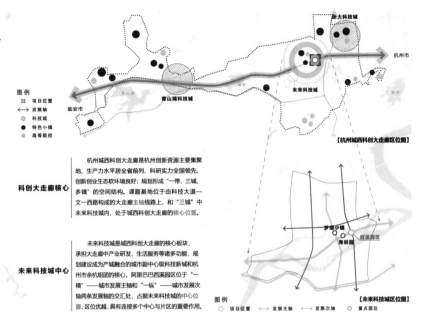

图例
- ▣ 项目位置
- ⟷ 发展轴
- ◎ 科技城
- ● 特色小镇
- ● 高等院校

【杭州城西科创大走廊区位图】

科创大走廊核心　　杭州城西科创大走廊是杭州创新资源主要集聚地，生产力水平居全省前列、科研实力全国领先、创新创业生态软环境良好；规划形成"一带、三城、多镇"的空间结构。课题基地位于由科技大道一文一西路构成的大走廊主轴线路上，和"三城"中未来科技城内，处于城西科创大走廊的核心位置。

未来科技城中心　　未来科技城是城西科创大走廊的核心板块，承担大走廊中产业研发、生活服务等诸多功能，规划建设成为产城融合的城市副中心级科技新城和杭州市余杭组团的核心。阿里巴巴西溪园区位于"一横"——城市发展主轴和"一纵"——城市发展次轴两条发展轴的交汇处，占据未来科技城的中心位置，区位优越，具有连接多个中心与片区的重要作用。

图例
- ○ 项目位置
- ⟷ 发展主轴
- ⟷ 发展次轴
- ■ 重点园区

【未来科技城区位图】

02 区位分析
Location Analysis

2.2 周边区位

　　阿里巴巴西溪园区五期项目南临文一西路，西接高教路，北侧紧邻新桥港，东侧为居住小区。基地周边地块以居住功能为主。基地西侧为海创园及浙江省委党校等；东侧、东南侧、西南侧多为居住社区；北侧隔新桥港临杭州师范大学仓前校区及住区；南侧为阿里巴巴西溪园区一至四期及商务办公区。

文一西路：城市发展主轴　　文一路是联接杭州市的东西向重要城市道路，基地位于二期文一西路延伸段上。文一西路规划为城市快速路，红线宽度为 50m，主线双向六车道，辅道双向 2-4 车道。基地两个主要出入口均位于南侧的文一西路上。

　　目前园区对外交通方式单一，文一西路是联系园区与外部的最主要途径，承担大部分交通流量，在高峰期存在拥堵的情况，造成出行不便；另外由于文一西路路道路宽度过大，同时种植有大量绿化，导致绿带对园区景观及出入口的遮蔽作用明显，影响园区对外交通，也不利于企业对外形象展示。

项目周边区位图

新桥港：重要自然文脉　　北面新桥港为西溪湿地水系。新桥港蓝线宽度为 41m，南侧有 30m 宽河道绿化，常水位为 2.5-2.8m，最低水位 2.0m，控制水位 3.75m，年水位高差可达 2m，变化较大；经治理后河道水质达到Ⅲ类水。

　　目前新桥港北侧以住区为主，滨河有简单的景观设计；新桥港南侧规划临河道路为后勤道路，缺少对河道景观的考虑，垂直式驳岸不利于滨水景观的展示与滨水活动的开展。

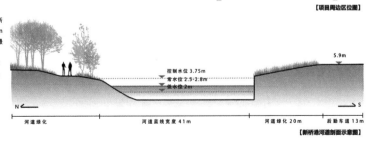

【新桥港河道剖面示意图】

河道绿化　　　河道蓝线宽度 41m　　河道绿化 20m　　后勤车道 13m

控制水位 3.75m
常水位 2.9-2.8:m
低水位 2m
5.9m

N　　　　　　　　　　　　　　　　　　　　　　　　　　　　　S

(a)

图 7-8　现状分析节选
(a) 区位分析

04 相关案例研究
Case Study

4.1 园区类型

园区，一般是指由政府（包括民营企业与政府合作）规划建设的，供水、供电、供气、通信、道路、仓储及其他配套设施齐全、布局合理且能够满足从事某种特定行业生产和科学实验需要的标准性建筑物或建筑物群体。

园区的分类方式有两种：

1）按照园区内主要建筑的类型和功能分类

类型	定义
生产制造型园区	以生产制造为主体的园区，主要建筑多以车间、厂房为主，其信息化主要面向生产管理和生产过程自动化的需求
物流仓储型园区	主要建筑多以仓库为主，主要面向仓储、运输、口岸的信息化管理和服务的需求，其行业涵盖现代物流和交通运输二类生产性服务行业
商办型园区	建筑类型包括商务办公、宾馆、商场、会展等，其信息化主要面向安全、便捷、智能办公环境管理、多样化的通信需求以及专业领域的信息化服务需求
综合型园区	包含生产制造型园区、物流仓储型园区和商办型园区三种形态在内的大型综合性的园区

2）按照园区主导产业分类

类型	定义	案例
物流园区	为实现物流设施集约化和物流运作共同化，或者出于城市物流设施空间布局合理化的目的而在城市周边等区域，集中建设的物流设施群与众多物流业者在地域上的物理集结地	上海外高桥保税物流园区
文化创意园区	一系列与文化管理、产业规模集聚的特定地理区域，是具有鲜明文化形象并对外界产生一定吸引力的集生产、交易、休闲、居住为一体的多功能园区，可分为动漫产业园、影视产业园区、文化艺术园区和文化创意旅游产业园区四类	横店影视产业园区
高科技园区	由国家、科研机构或社会相关团体扶持，在一定地域空间范围内，进行场地规划建设、提供高新技术研发、培育高新技术产业转化、扶持高科技企业创新及成长和促进高科技产业发展的场所	北京中关村科技园区
工业园区	国家或区域的政府根据自身经济发展的内在要求，通过行政手段划出一块区域，聚集各种生产要素，在一定空间范围内进行科学整合，提高工业化的集约强度，突出产业特色，优化功能布局，使之成为适应市场竞争和产业升级的现代化产业分工协作生产区	苏州工业园区
现代农业园区	以现代科技为依托，立足于本地资源开发和主导产业发展的需求，按照现代农业产业化生产和经营体系配置要素和科学管理，在特定地域范围内建立起的科技先导型现代农业示范基地	上海金山现代农业园区

04 相关案例研究
Case Study

4.2 高科技企业案例分析

高科技企业园区可以定义为：从事高科技领域的企业为满足企业自身发展的需要，在一定独立的空间范围内，通过场地规划建设，自行投资，建立起企业自己的研发、生产及办公的工作场所。

高科技企业园区相对高科技园应更为独立，其规模一般比高科技园区小，高科技企业园区主要是为企业自身的发展服务，而高科技园区服务的对象及涵盖的范围更多、更广。目前，国内外已有不少高科技企业建立了自己的企业园区。

园区	区位	占地面积（公顷）	周围环境	园区图片
Apple Park	美国加州库比蒂诺市	26	基地为原惠普老园区，地形平坦，植被茂密	
Facebook 海湾园区	美国加州门洛帕克	32	北部为大片盐滩，南部由铁路割裂，曾是南湾地区重要潮汐湿地系统的一部分	
阿里巴巴西溪园区（一到四期）	中国浙江省杭州市	26	东、西、南三面为居住区，西南面为商务办公区，园区地处西溪国家湿地公园西北	
联想总部（北京）园区	中国北京市	14	位于中关村软件园二期，南侧依次为百度大厦与腾讯大厦，北侧有一个大型卫星地面站	
阿里云谷园区	中国浙江省杭州市	20	东、西、南三面环路，北面临水，北侧河流交汇处为一近方形湖泊	

(b)

图 7-8 现状分析节选（续）

(b) 相关案例分析

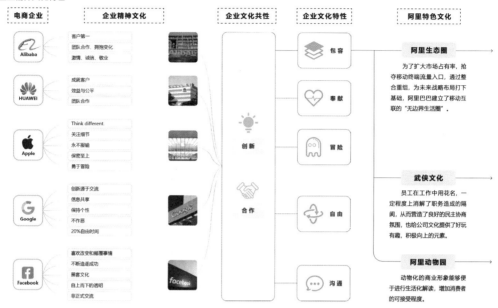

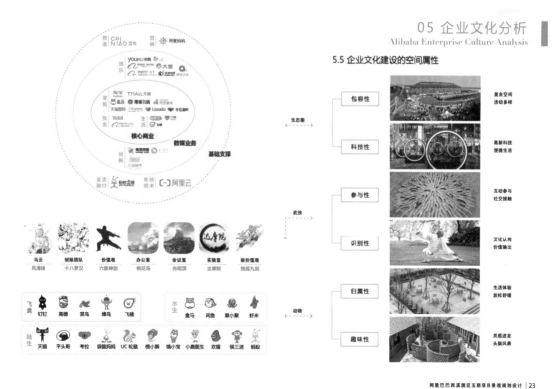

图7-8 现状分析节选（续）
（c）企业文化分析

06 人群结构和需求分析
Population Structure & Requirements Analysis

6.1 园区人群构成分析

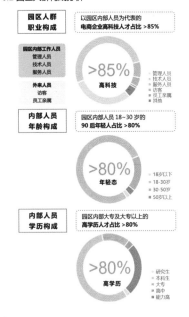

6.2 互联网企业人才特点及企业人才需求分析

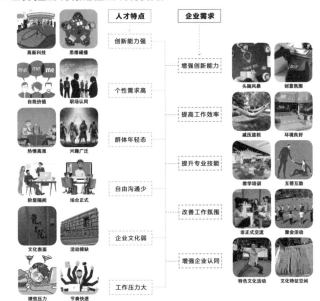

06 人群结构和需求分析
Population Structure & Requirements Analysis

6.3 园区人群需求及行为分析

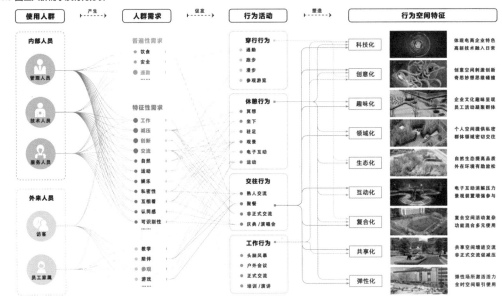

(d)

图7-8 现状分析节选（续）

(d) 人群结构与需求分析

08 建筑布局与空间分析
Architecture Layout and Space Analysis

建筑布局与功能

园区内共有 7 栋建筑，包括 6 座办公大楼和 1 座对外接待中心，建筑高度由北向南逐渐降低。建筑群的整体形象与阿里巴巴西溪园区前四期项目协调统一，建筑形态以现代简洁的方形构图，立面材料以玻璃为主，色调主要为灰白色系，形成简洁明快、朴实稳重的大气形象。

建筑功能集办公、会议、商务接待、运动健身、食堂餐饮等于一体。

办公区与接待区各有各相对独立的出入口以及交通流线，减少互相干扰。

1）办公区：研发和设计的办公场所，同时还要提供员工上班停车、就餐等配套服务功能。

2）接待区：提供客户参观、会议交流的接待功能区。

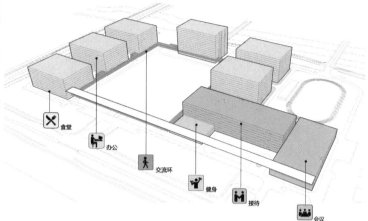

食堂 办公 交流环 健身 接待 会议

08 建筑布局与空间分析
Architecture Layout and Space Analysis

建筑底层分析

建筑群底层包括办公、食堂餐饮、接待、健身、会议等功能。

底层用于食堂餐饮、办公的空间需与建筑室外环境建立良好的交流互动关系，属于建筑开放界面；而设备机房、后厨、卫生间、楼梯间等与室外景观的互动性不强，属于建筑遮挡界面，应适当考虑障景处理。

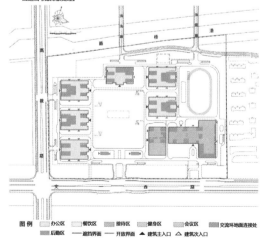

图例 ■ 办公区 ■ 餐饮区 ■ 接待区 ■ 健身区 ■ 会议区 ■ 交流环地面连接处
■ 后勤区 ■ 遮挡界面 — 开放界面 ▲ 建筑主入口 △ 建筑次入口

交流环层分析

交流环是园区的一项特色，它由建筑之间的连廊围合而成，在串联建筑空间的同时联系核心景观空间。周长约 850m，步行一圈用时约 11min。

交流环与建筑群二层相连，共有 6 个与室外地面的垂直连接处。

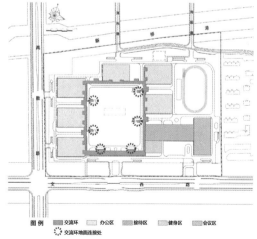

图例 ■ 交流环 ■ 办公区 ■ 接待区 ■ 健身区 ■ 会议区
✿ 交流环地面连接处

(e)

图 7-8　现状分析节选（续）

（e）建筑空间布局分析

09 景观格局与适宜性分析
Landscape Structure and Suitability Analysis

场地内部景观适宜性分析

　　景观空间类型多样，地面部分主体由中部核心的庭院景观和东侧的运动空间景观构成，北侧有滨水景观空间，各个建筑之间由楼间景观空间组织过渡，外围有沿街景观带组成。各个办公楼均配备有屋顶花园，这些景观空间在水平和竖向布局上具有鲜明的层次感。

　　对场地景观适宜性的分析主要从以下几个景观属性出发：场地行为、空间尺度、场地空间类型

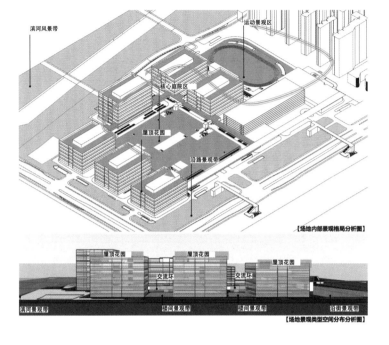

09 景观格局与适宜性分析
Landscape Structure and Suitability Analysis

场地内部景观适宜性分析

　　对场地景观类型的分析参考借鉴刘滨谊老师的研究成果，将行为与使用要求分解到必要性行为和，选择性行为和社交性行为进行解析，采用20~25m，大于110m，大于390m三层数值范围对空间尺度进行界定。

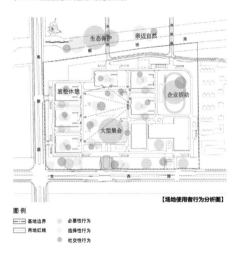

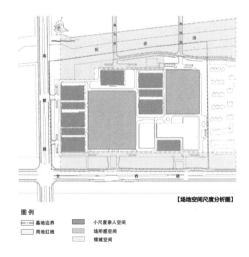

(f)

图7-8　现状分析节选（续）
（f）景观格局与适宜性分析

01 设计目标与定位
Design Goals and Positioning

｜设计目标

阿里巴巴西溪园区五期项目是阿里巴巴集团位于杭州西溪总部的第五期项目。

它将是一个集**智能化、人性化、开放化、创意化、共享化、互动化、多元化**为一体的互联网企业园区，将承载阿里巴巴电子商务软件的设计研发，构建未来化的商业基础设施，提升城市建设品位，引领并容纳阿里巴巴集团的各大业务，缔造一个服务中国乃至全世界的独特且充满活力与创新的数字经济体帝国。

｜设计定位

高科技创新的
互联网企业园区

以人为本的
企业办公社区

智能前瞻的
企业形象展示窗口

多元活力的
文化活动核心场所

02 设计概念与主题
Design Concepts and Themes

｜设计概念

三重园
Triple Park

道生一
一生二
二生三
三生万物
道法自然

｜多维"三重"

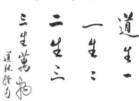

有无相生　　　　三千世界　　　　达变通机　　　　骨化风成

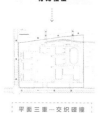
平面三重—交织磁撞

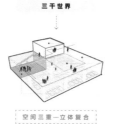
空间三重—立体复合

时间三重—弹性动态

精神三重—多元包容

(a)

图 7-9　规划设计节选
(a) 设计目标与主题概念

05 总体布局
General Layout

┃方案二（张皓仪）

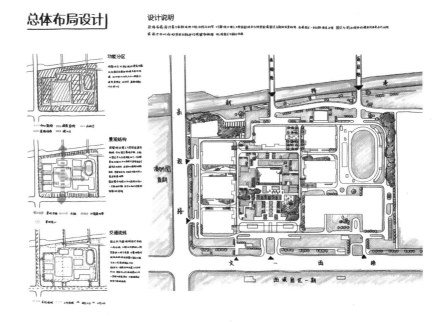

┃方案三（蔡欣宜）

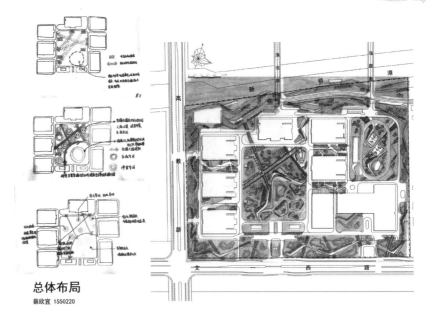

（b）

图 7-9　规划设计节选（续）
（b）总体布局的多方案比选（一）

05 总体布局
General Layout

| 方案四（包琳）

总体布局设计

设计说明

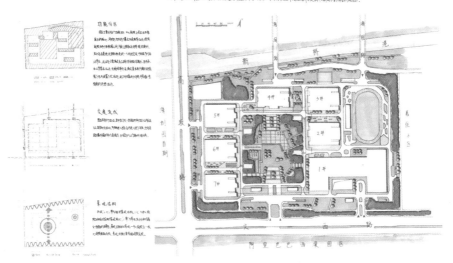

05 总体布局
General Layout

| 方案五（杨紫晗）

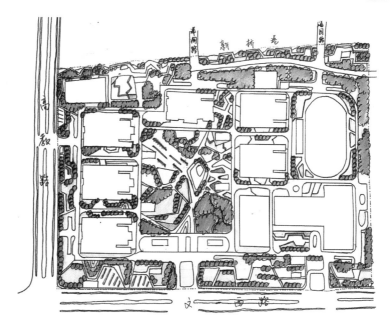

(c)

图 7-9 规划设计节选（续）
(c) 总体布局的多方案比选（二）

| 布局依据

园区总体布局以科学性、适宜性、便利性为原则，以园区日常活动及使用行为规律、交通流线、日照、风向等相关分析为基础，结合概念主题进行合理规划布局，建设成为与周边相协调、与环境相适应、与使用需求相匹配，且符合创新企业发展需求的园区景观。

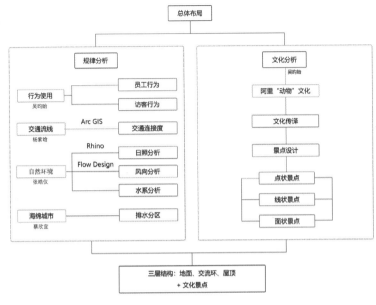

阿里巴巴西溪园区五期项目景观规划设计 | 69

(d)

02 设计概念与主题
Design Concepts and Themes

| 日照分析

园区建筑高度多为10层以上，建筑近似于南北向排列，并有交流环作为室外建筑连廊；且全区东侧为高层住宅小区，对园区内日照情况也有一定影响。日照分析选取春分日（秋分日）、夏至日、冬至日三个典型日照节点进行分析，利用 Rhino 及 Sunflower 软件对三个时间节点当天的日照时长进行分析。

由分析可知，园区场地受建筑阴影影响较大。夏季，中心庭院区域几乎无建筑阴影覆盖，仅交流环阴影起到一定遮庇作用，而中心庭院是员工流动及活动的重要场所，因此利用大量高大乔木进行遮阴十分必要。春冬季楼间庭院日照缺乏，长时间为阴影覆盖区域，对于人群活动及绿化种植都有较大影响。东北部保留田径场区域也受到外侧高层住宅阴影的影响，仅午间为日照充足的时段。

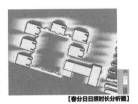
【春分日日照时长分析图】

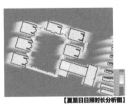
【夏至日日照时长分析图】

【冬至日日照时长分析图】

| 风向分析

杭州全年主要风向为北风、东风和南风，12月至次年3月为北风主导风向，其余时间主导风向为东风和南风交替，东风主导时段主要为3月、5月、9~11月，南风主导时段为4月、7月和8月，全年风速随季节变化有略微上下浮动，风速最大时为1月下旬至3月中旬，风速达10m/s，此时主导风向为北风；夏季处于全年风速最低的时段，即南风主导时，平均风速约3m/s；其余季节风速变化不大。根据以上杭州市基础风数据运用 Autodesk Flow Design 软件，对北风、东风和南风主导分别进行场地通风情况模拟。

基地在冬季受北风影响较大，几处建筑间形成风道，狭管效应加剧了北风的流动；由于冬季风本身风速较大且寒冷，在设计时需着重考虑北侧绿化的防风功能。夏季气温较高但南风风速较小，应利用绿化对南风进行引导，增加园区内空气流动性，降低夏季的炎热感受。同时应注意在东风较强盛时避免中心庭院出现回旋风的情况。

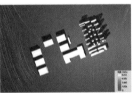
【南风主导风向分析图】

【北风主导风向分析图】

【东风主导风向分析图】

(e)

图7-9 规划设计节选（续）
(d) 总体布局的空间生成逻辑；(e) 总体布局生成分析

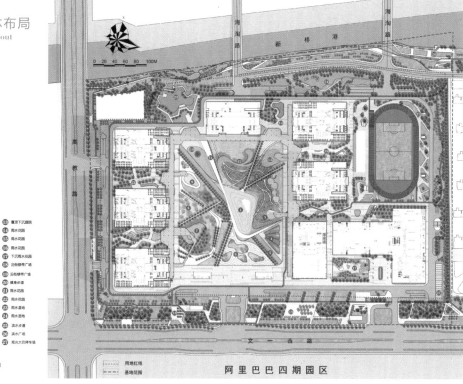

05 总体布局
General Layout

| 总平面图

① 天猫广场　⑬ 草顶下沉庭院
② 蚂蚁山庄　⑭ 雨水花园
③ 下沉庭院　⑮ 雨水花园
④ 树阵广场　⑯ 雨水花园
⑤ 天猫大道　⑰ 下沉雨水花园
⑥ 主入口广场　⑱ 沿街缓带广场
⑦ 镜面蓄水池　⑲ 沿街缓带广场
⑧ 银杏广场　⑳ 健身步道
⑨ 下沉庭院　㉑ 雨水花园
⑩ 闲憩水池　㉒ 雨水花园
⑪ 水景长廊　㉓ 雨水湿地
⑫ 樱花长亭　㉔ 雨水湿地
　　　　　　㉕ 滨水步道
　　　　　　㉖ 滨水广场
　　　　　　㉗ 观光大巴停车场

用地红线
基地范围

阿里巴巴四期园区

(f)

02 设计概念与主题
Design Concepts and Themes

| 交通通达重要性分析

结合交通、流线与空间形态的专题研究以及基地交通现状分析内容,对基地重要交通点、线、面进行交通通达性权重分析。

选取园区主次出入口、建筑主次出入口等主要通行停靠点,并为其划分交通通达重要性等级,如主要办公建筑入口权重最高,次要入口稍低,接待门次之。并根据所得权重点进行泰森多边形计算,得出停靠点在面域范围的通达重要性映射。

将主要交通节点连接得出园区主要交通路径,并利于计算工具将主要通行停靠点及其权重叠加转换为点间主要交通流线及权重值,计算得出交通流线在面域范围的通达重要性映射。

将所得停靠点、路径在面域范围的通达重要性叠加计算得出基地交通通达重要性权重图。

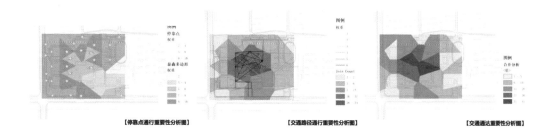

【停靠点通行重要性分析图】　　【交通路径通行重要性分析图】　　【交通通达重要性分析图】

(g)

图7-9　规划设计节选（续）
(f)总体布局图；(g)总体布局生成分析；

| 鸟瞰图　整合小组模型,体现总体布局设计,选取园区东南侧、西南侧和西北侧的角度绘制整个园区的鸟瞰图.

(h)

图 7-9　规划设计节选（续）

（h）总体布局鸟瞰图

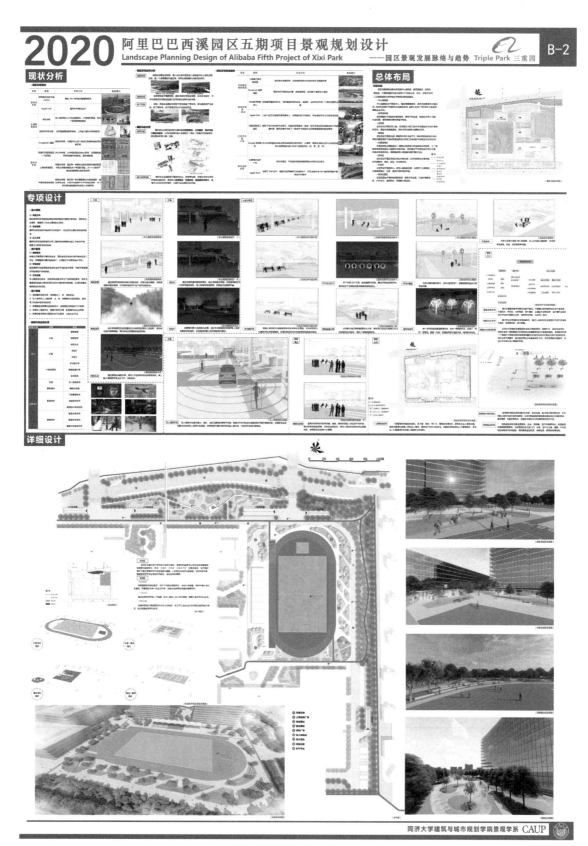

图 7-10 设计成果展板（一）

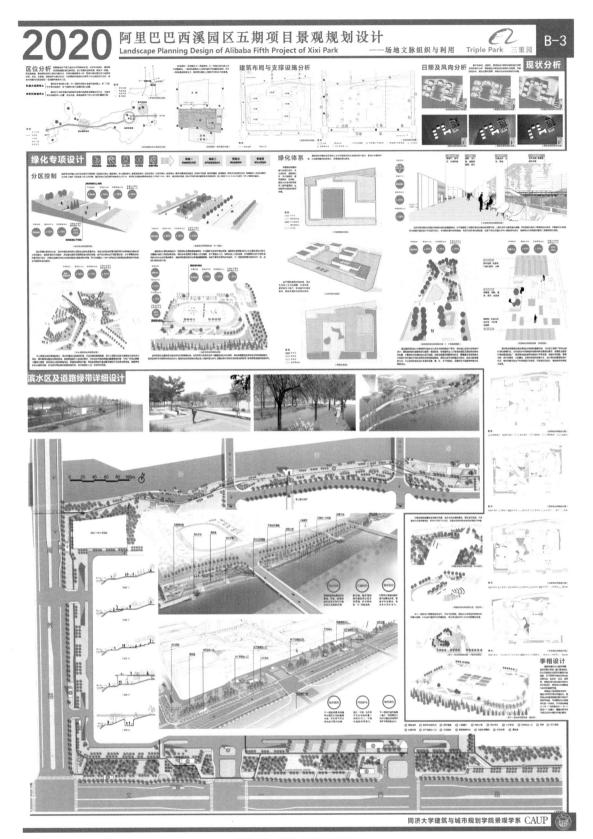

图 7-11　设计成果展板（二）

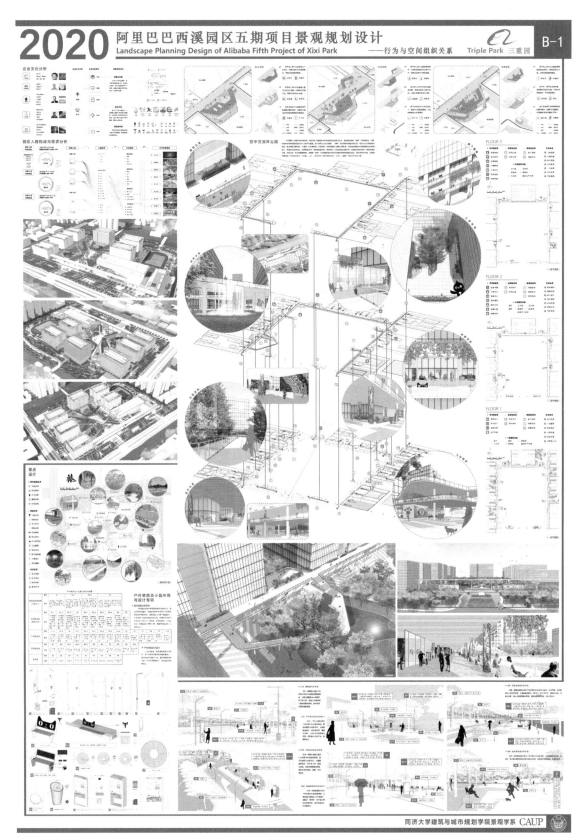

图7-12 设计成果展板（三）

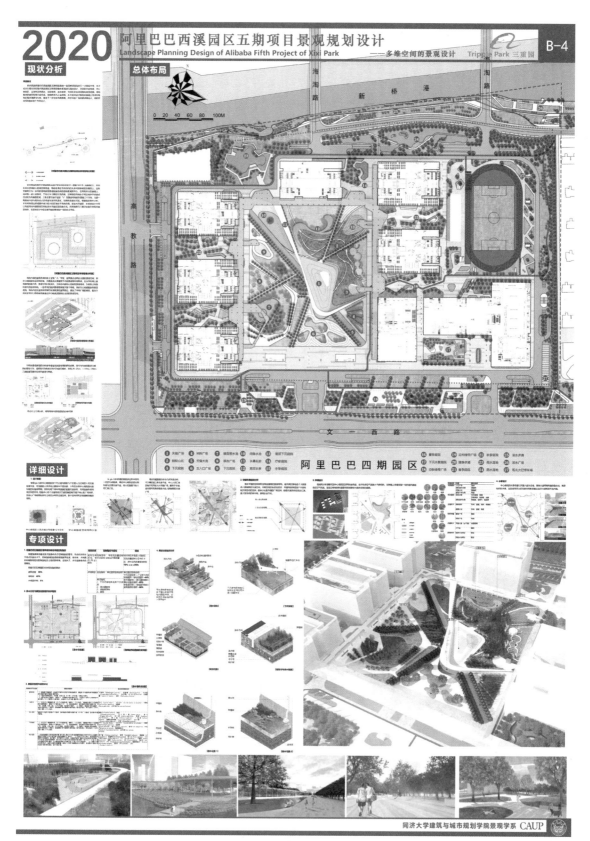

图7-13　设计成果展板（四）

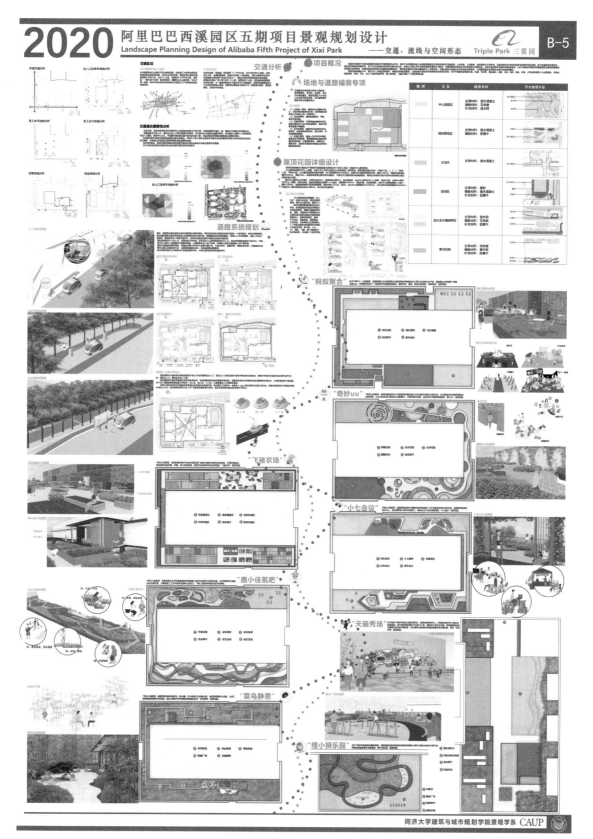

图7-14 设计成果展板（五）

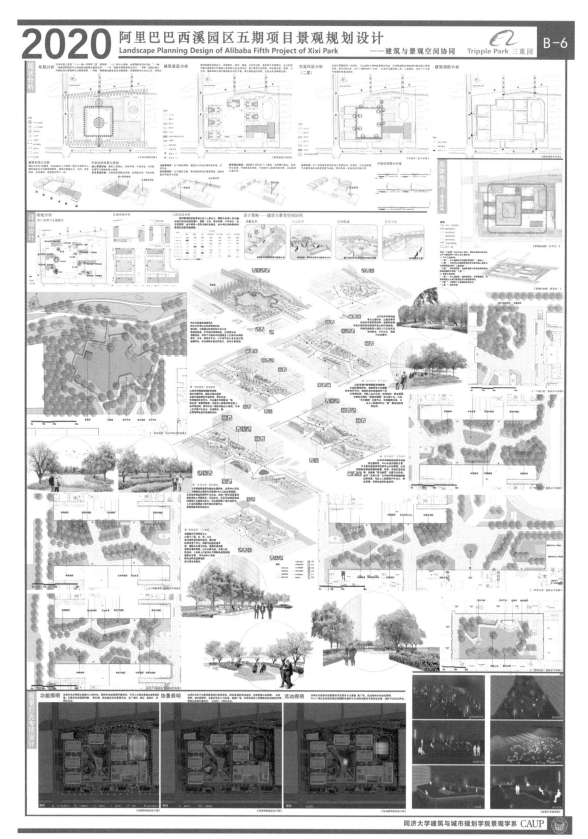

图 7-15　设计成果展板（六）

7.2.2 五角场核心区"美丽街区"建设项目规划设计

1. 实践档案

项目依托单位：同济大学建筑设计研究院（集团）有限公司

完成人：肖雨荷（组长）、刘锟山、李蕙序、孙雯、李晓薇、顾梦菲

年级与专业：2015 级风景园林

指导教师：李瑞冬

学校：同济大学

实践时间：4 年级第 2 学期（2019 年）

实践时长：16 周

毕业论文分题目：

街道类型与空间结构——肖雨荷

交通网络组织——刘锟山

街道界面控制——李蕙序

绿化景观网络构建——孙雯

街道设施布局——李晓薇

节点空间处理——顾梦菲

2. 课题背景与任务

五角场位于上海中心城区的东北部，是上海四大城市副中心之一，其南部环岛地块为上海十大商业中心之一。随着现代化商务设施、交通、生态等的不断发展，区域整体优势随之凸显，五角场目前已逐渐发展成为北上海商圈乃至整个上海最繁华的地段之一。

2015 年以来，中央城市工作会议明确将着力提高城市发展的可持续性、宜居性作为城市工作的战略方向，突出强调"创新、协调、绿色、开放、共享"的发展理念。《上海市城市总体规划（2015—2035 年)》中提出了"繁荣创新、健康生态、幸福人文"的城市发展目标，《上海街道设计导则》即是为推动实现上述宏伟愿景而制定的政策性文件之一。随着该导则的正式发布，上海街道迈开了向"人性化"转型的步伐。导则围绕安全、绿色、活力、智慧四个目标形成设计导引，对道路和街道进行重新分级和分类，注重不同路段功能与活动的差异，关注社区道路、步行街等特定的道路类型，从理念、方法、技术、评价四个方面推动"道路"向"街道"的转型发展。

《贯彻落实〈中共上海市委、上海市人民政府关于加强本市城市管理精细化工作的实施意见〉三年行动计划（2018—2020 年)》中明确提出，要通过把握"一个核心"，以"三全四化"为着力点，推进"美丽街区、美丽家园、美丽乡村"建设，从而实现上海 2020 年城市发展的新目标。杨浦区政府以党的"十九大"精神为指引，贯彻落实城市管理精细化工作，以新一轮创建全国文

明城区工作为契机，以"美丽街区"建设工作为重点，着力提升全区市容环境品质和城市治理整体能力，力求打造国际大都市一流中心城区，为人民群众提供更有序、更安全、更干净、更美观的管理服务。

五角场核心区"美丽街区"建设项目位于上海市杨浦区江湾—五角场城市副中心，设计范围包括政通路—国和路—翔殷路—邯郸路—国定路围合区域及内含道路，总规划面积约 67.6hm²。五角场核心区作为杨浦区"美丽街区"建设中体现"最高水平、最高标准"要求的示范街区之一，该课题不仅是对《上海街道设计导则》的具体实践应用，也是对杨浦区乃至整个上海市的"美丽街区"建设的探索性示范。

课题分专题研究、引导规划与详细设计 3 个层次的工作。其中专题研究和引导规划主要围绕街道类型与空间结构、交通网络组织、沿街界面控制、绿化景观网络构建、街道设施布局及节点空间处理 6 个层面开展。详细设计是在总体及引导规划控制下，对区内所选道路进行详细规划设计，包括总体布局平面、空间组织、断面设计、界面处理、绿化设计布局、街道设施布置、铺装设计、节点设计、经济技术指标及投资估算等相关详细设计的图纸及说明文件。

3. 实践成果

毕业设计小组通过调研分析与专项规划，形成了如下规划设计成果（图 7-16~ 图 7-20）。

（1）提出了从"道路"到"街道"，从"街道"到"街区"的规划理念。

（2）规划了商、住、学、办一体的开放型共享街区和景观型通行街巷的空间格局；

（3）组织了车行高效、慢行活络的交通网络体系。

（4）塑造了整体统一、分段多样的城市街道界面。

（5）建构了绿网贯通、微园串联的绿化网络。

（6）布局设计了系统整合、"智""集"合一的街道设施。

（7）设计了以点带面，激活街区活力的街道节点。

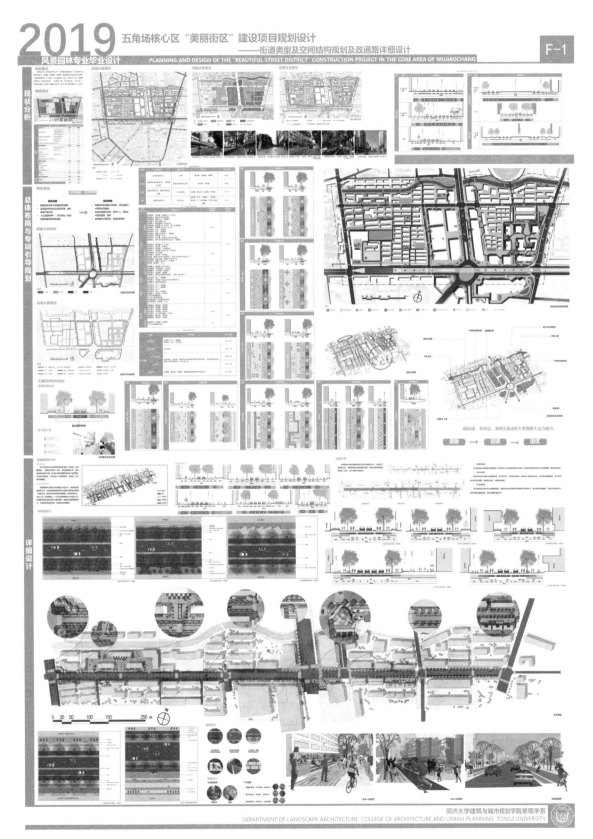

图7-16 街道类型与空间结构规划及政通路详细设计（设计者：肖雨荷）

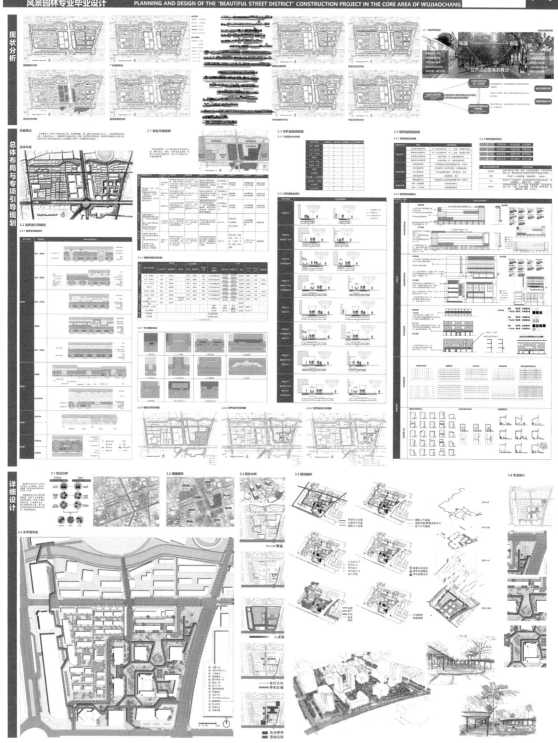

图 7-17 街道界面控制规划及国庠路与政旦东路详细规划设计（设计者：李蕙序）

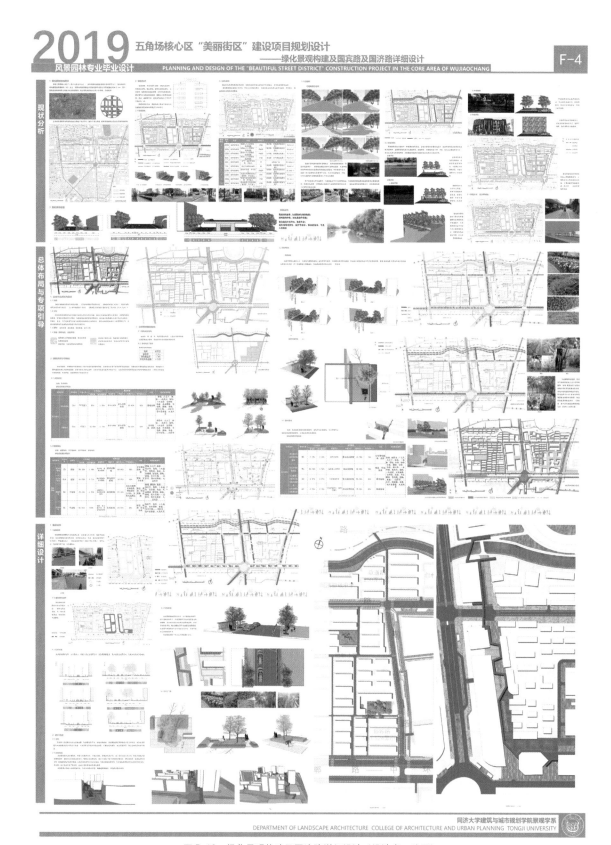

图7-18 绿化景观构建及国济路详细设计（设计者：孙雯）

图7-19　街道设施布局规划及国和路与国定路详细设计（设计者：李晓薇）

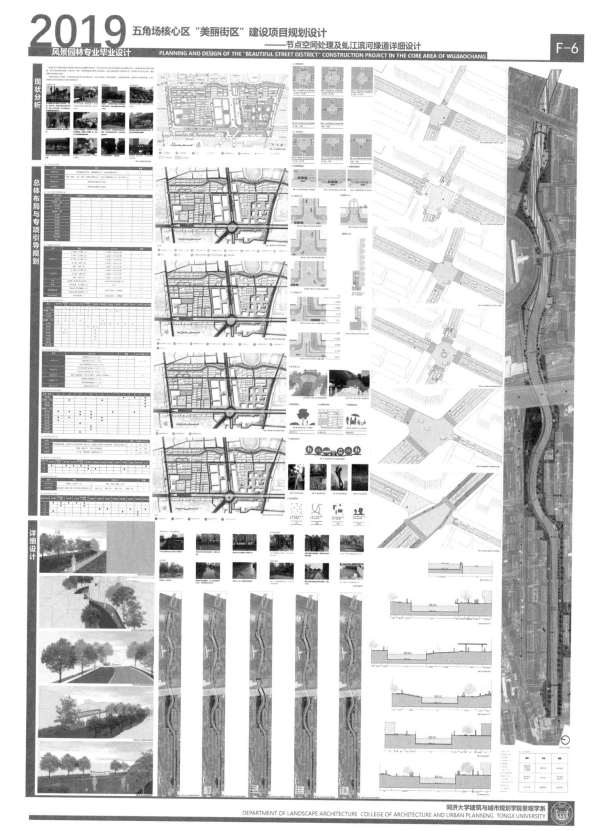

图 7-20　节点空间处理及虬江滨河绿道详细设计（设计者：顾梦菲）

第8章
拓展型实践教育

联合设计（暑期夏令营）
设计竞赛

目前高校拓展型实践教育形式与类型多样，包括爱国践履、志愿服务、公益活动、社会调查、勤工助学、社团活动、专业创新、自定义项目等多种类型。本章重点针对新工科实践教育的多样化、创造型、国际化等特点，论述相对集中的风景园林专业拓展型实践教育。

联合设计和设计竞赛等相关风景园林拓展型实践教育是以竞促建、以竞促改、以竞促教及以竞促学的主要教学环节，通过该教学，可全面拓展学生学习的知识面，加强学生学习的主动性，培养学生系统而综合的规划设计能力、前沿意识和合作精神，提高学生的综合规划设计水平、创新思维和创新能力，进而锻炼学生面对风景园林学科前沿课题的观察发现问题、分析问题、解决问题的综合能力和创新思维。

8.1 联合设计（暑期夏令营）

8.1.1 教学目的及大纲

联合设计的开展形式较多，暑期夏令营是其中可操作、对学生锻炼性较强的开展方式。通过教案设计，可在短时间内集中一个具有前沿性、时效性、探索性的课题对学生在调研分析、概念展开、主题关键词提炼、规划设计布局、设计表达、设计陈述等方面进行全环节设计训练，培养学生规划设计的综合能力（表 8-1）。

表 8-1　9 天暑期夏令营的教学大纲与计划 /The Collaborative Design Process and Schedule

阶段 /Phase	日期 /Day	时间 /Time	活动内容 /Activity Content
基地背景（The Site Background）	8 月 2 日 2 Aug	8:30—9:15am	开营式 /Introducing Tutors Group
		9:15—10:15am	讲座 /Invited Lecture
		10:30—11:15am	基地概况介绍 /Presentation of the background of the Site
		11:15—11:30am	分组 /Grouping Students：Six Groups
		1:00—4:30pm	基地参观考察 /The Groups Visit the Site and Take Field Notes or Photos 现场讨论与设计 /Tutors Discuss the Design Project on Site
设计目标与基地分析（Group Work：the Design Goal Brief and the Site Analysis）	8 月 3 日 3 Aug	8:30am—4:30pm	基地分析 /The Site Analysis：小组对基地的理解与认识 /A Group Vision for the Site 确定基地分析的主要内容 /Identifying the Key Issues of the Site

续表

阶段 /Phase	日期 /Day	时间 /Time	活动内容 /Activity Content
设计目标与基地分析 (Group Work：the Design Goal Brief and the Site Analysis)	8月3日 3 Aug	8:30am—4:30pm	头脑风暴，探讨设计思路与理念 /Group Brainstorming to Define the Concept of Design 设计概念关键要素与关键词 /A List of the Main Elements to Incorporate in the Concept (The Brief for Design) 设计目标概要 /The Design Goal Brief 发展目标？/What Needs to be Designed? 服务对象？/Who For? 位置、规模、比例？/What Locations/Sizes/Scale? 设计成果？/What Outputs Required for the designs? 头脑风暴过程中的基地分析草案 /Site Analysis Plan during Brainstorm 完成基地分析图 /Finalizing Site Analysis plan
个体设计 (Design：Individual Work in Group)	8月4日 4 Aug	8:30am—4:30pm	个体设计 /Developing Individual Design Based on the Framework of Analysis
个体设计 (Design：Individual Work in Group)	8月5日 5 Aug	8:30am—4:30pm	个体设计 /Developing Individual Design based on the Framework of Analysis
		8:30—11:30am	个体设计 /Developing Individual Design based on the Framework of Analysis
		1:00—4:30pm	组内陈述汇报（每人10分钟）/Students Present Their Design Brief in Each Group (10 min. per) —基地的主要问题与局限性 /What are the Main Site Issues and Constraints? —基地的认识与理解 /What is the Vision for Site? —主要的设计要点 /What Important Design Elements Need to be Incorporated? —主要设计理念 /Key Concepts 导师评述 /Tutors Give Comments
考察 (Excursion)	8月6日 6 Aug	6:30am—6:30pm	学术考察 /Excursion Nearby Shanghai
组内综合、评图 (Design：Integration Group Review)	8月7日 7 Aug	8:30—11:30am	组内设计综合 /Each Group Integrates Individual Design Concepts into One Group Design 完成概念设计 /Finalizing Design Concepts 准备汇报陈述 /Preparing for the Afternoon Presentation
		1:00—4:30pm	小组汇报（每组15分钟）/Students' Presentation (six groups) to the Appraisal Board. (15 min. per) —设计思路与方法 /Design Ideas and Methods —主要设计理念 /Key Concepts —后续设计计划 /Vision for the Next Design Step 评图专家评述 /Appraisal Board Give Comments
组内合作设计与成果制作 (Design：Group Joint Work)	8月8—9日 8—9 Aug	8:30am—4:30pm	组内概念综合 /Students in Each Group Work Corporately on the Formed Group Conceptual Design 深入设计 /Deepening the Design

续表

阶段 /Phase	日期 /Day	时间 /Time	活动内容 /Activity Content
组内合作设计与成果制作 (Design：Group Joint Work)	8月8—9日 8—9 Aug	8:30am—4:30pm	按比例徒手绘制主要设计草图 /Free-hand Drawing onto Butter Paper over Site Plan at Scale to Define and Lay Out Key Elements for Site 深入各项设计 /Develop Elevations, Aerial Sketches, Plans in Sketch Format to Scale to Communicate the Ideas 完成成果 /Final Outputs： 概念设计平面（按比例、着色、著有标识图例等） /A Site Concept & Landscape Plan to Scale With Color and Notations/Legend 表达设计的框图、立面、剖面、透视、模型等 /Sketches/Elevations/Sections/Models Showing Key Landscape Treatments, Areas, etc 汇报陈述的相关图纸 /Color and Improve Plans/Sketches to Present PPT汇报稿 /A PPT File for Presentation
陈述汇报 (Presentation)	8月10日 10 Aug	8:30—11:30am	小组汇报陈述（每组15分钟）/Students' Presentation (Six groups) to the Appraisal Board and Jury. (15 min. per)
		1:00—4:30pm	评图、评奖 /Appraisal Board and Jury work on Prize. 颁奖 /Comments and Prize Awarded by the Jury
		4:30—5:00pm	闭幕式 /Farewell Party

注：教案编制者为笔者。

8.1.2　实践案例

1. 实践档案

实践名称：2017同济大学CAUP国际设计夏令营

课题主题："景观再生：水滨门户的活力复兴（Landscape Regeneration：The Revitalization of the Waterfront Portal）"

简介：课题选择上海市宝山区黄浦江于长江出水口水滨门户为基地，通过设计探索基于本土的地标性滨水空间的复兴模式。

来自9个国家、24所高校的36名学生对基地提出了各具特色的发展策略和设计方案，6组同学的设计主题分别为港口实验室（The Port/ Lab），复合养殖（Aquaponic Aquaponding），城市湿地原型（Prototyping Urban Wetlands），吴淞生态纽带（Wusong Eco-Nexus），惊奇、节奏、舒适（Riddle, Rhythm and Release），以及汇聚（Confluence）。

指导教师：Nathan Heavers、Nick Nelson、Jim Ayorekire、Andrew Saniga、戴代新、董楠楠等

学校：同济大学

实践时间：2017年8月

实践时长：10天

2. 实践成果（图 8-1、图 8-2）

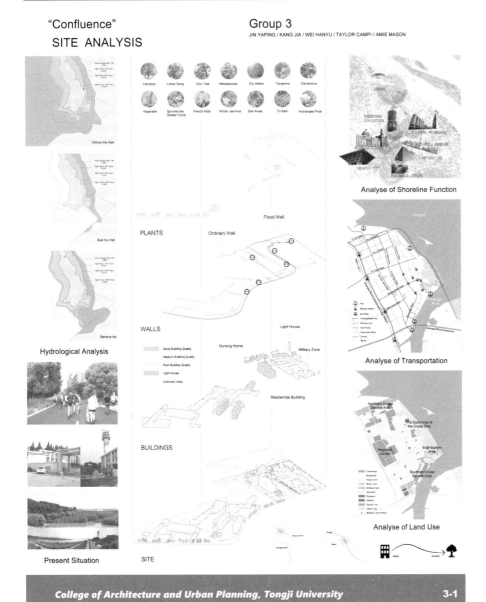

(a)

图 8-1　汇聚（Confluence）[①]

[①] 该设计以"汇聚"为主题理念，通过对现有建筑的局部保留与功能置换、湿地营造、亲水空间植入等手段，在两江交汇处营造出游客可游可赏的生态系统设计者：Jin Yaping、Kang Jia、Wei Hanyu、Taylor Campi、Amie Mason

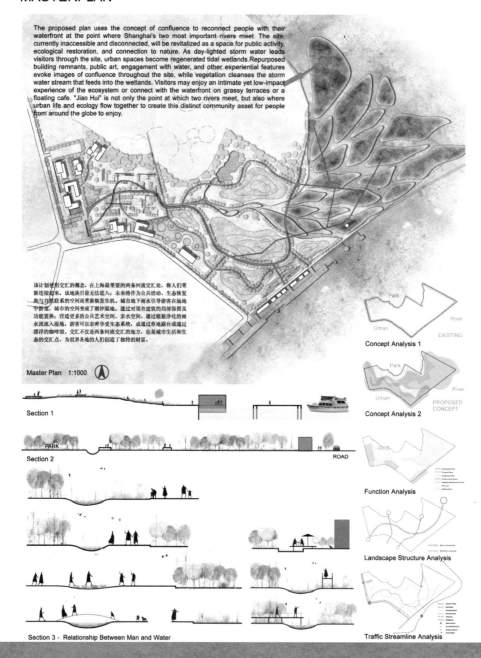

(b)

图 8-1　汇聚（Confluence）（续）

"Confluence"
DETAILS

Group 3
JIN YAPING / KANG JIA / WEI HANYU / TAYLOR CAMPI / AMIE MASON

Relationship between people , walls and water

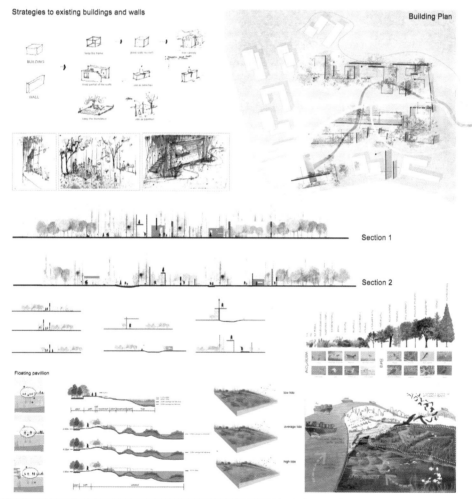

College of Architecture and Urban Planning, Tongji University

3-3

(c)

图 8-1　汇聚（Confluence）（续）

TONGJI UNIVERSITY CAUP

2017 International Design Summer School
LANDSCAPE REGENERATION:
THE REVITALIZATION OF THE WATERFRONT PORTAL

REIDDLE·RHYTHM·RELEASE

Group 05

Ayano Healy
Santiago Mendez
Lucy Tilling
Shen Xuan
Guo Yi
Wang Yitong

KEY PROBLEM: ABSENCE
overlaps (park residential water military)

STRAGE: PEOPLE+
interaction · between people · local identity · connections · experi...

The Shanghai City Masterplan aims to make the city more dynamic, attractive and sustainable. The proposed strategy for the Baoshan Waterfront Portal promotes people interactions by introducing new activities, creating a series of experiences that will make the site more attractive and vibrant.

上海总体规划中提出了让城市更具活力，吸引力，并能可持续发展的目标。在我们的规划设计中希望置入新颖的活动来促进人们的相互交流，从而为场地注入生机与活力。

SECTION 1-1 1:500

CONCEPT: RIDDLE · RHYTHM · RELEASE
being surprised→peaks & valleys · interesting experience→let it breath

The concept Riddle, Rhythm and Release gives life to the actions within our strategy. Riddle speaks about the surprises that come along with discovering a new place. Rhythm refers to the emotional peaks, valleys and climax that people experience as they visit the site. Release is the action of clearing the site of existing construction to make new connections, bring life in and improve the natural environment.

设计概念为"Riddle，Rhythm，Release"。"Riddle"意为在场地中穿行所获的惊奇的场景感受；"Rhythm"意为在场地中游历所经历的有节奏的空间变化；"Release"意为清理场地现有废旧元素，建立新的舒适自由的生活方式以及改善自然环境。

RIDDLE　　　RHYTHM　　　RELEASE

CITY HUB SEQUENCE

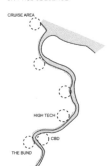

CRUISE AREA

HIGH TECH

CBD

THE BUND

PRELIMINARY STUDY:

01 CITY SCALE
The Baoshan Waterfront Portal is part of a larger city network of themed hubs that line the Huangpu River. As the city continues to activate sites along the Huangpu River, there is a potential to improve connectivity between the different hubs. This creates an opportunity to amplify Shanghai's connection with the waterfront.

上海宝山吴淞口滨水门户位于黄浦江源头，是黄浦江沿岸功能区网络中的重要一环。在黄浦江滨江带更新的进程中，加强沿江各功能区的相互联系，进而促进城市与滨水地段的联系这一愿景有着极大的发展潜力。

02 DISTRICT SCALE
The Baoshan Waterfront Portal is located at the intersection of different functions within the district. Currently, the site is occupied by the military, making the site feel absent and deteriorated. However, the site has a potential to redevelop in synergy with the surrounding functions, thereby improving connectivity, urban life and the identity of Baoshan district.

吴淞口滨水门户位于宝山区各大功能版块之间的地段。目前，场地内部主要为军事用地，该地下大地割裂了场地与城市的关系。因此，场地应得更新以促进宝山区各功能版块的协同发展，从而改善地区的连通性，培育地区活力以及塑造地区特性。

College of Architecture and Urban Planning, Tongji University　　**NO.01**

(a)

图8-2　惊奇、节奏、舒适（Riddle · Rhythm · Release）①

---

① 设计以"Riddle · Rhythm · Release"为主题概念，意在为场地提供穿行于中所获的惊奇的场景感受，塑造有节奏的游历其中的空间变化，通过变旧为新，改善自然环境，建立新的生活方式设计者：Ayano Healy、Santiago Mendez、Lucy Tilling、Shen Xuan、Guo Yi、Wang Yitong

TONGJI UNIVERSITY
CAUP
2017 International Design Summer School
LANDSCAPE REGENERATION:
THE REVITALIZATION OF THE WATERFRONT PORTAL
Social elements
The Waterfront Portal aims to revitalize t
people. Locals as well as tourists will be
dynamic perspective.
设计意在复兴宝山区滨水门户，加强人与人之间的相互交流。
SECTION 2-2 1: 500
SECTION 3-3 1: 500
SECTION 5-5 1:
civic plaza
mix-used market
secret creek
wetland
overlook hill
floating stage
lonely path
wild jungle
energy field
peach plaza
sports park
lighthouse runway
waterfront pool
LONELY
MASTER PLAN 1 : 1000
WATERFRONT POOL
A key landmark feature of the Waterfront Portal will be a waterfront pool. This will be created through natural filtration via a series of ponds, leading to the pool. It will offer an experience unprecedented in Shanghai, combining city life with water recreation.
滨水泳池是场地的一个标志性景点。通过一套水池过滤进化生态系统，水体最终汇入滨水泳池。丰富的水上活动将更好地让城市生活与水上生活项联结。
JUNGLE
The jungle represents the climax woodland within the vegetation pattern. It will be dominated by large trees and shrubs that create habitat and an impressive experience for visitors to interact with. Raised boardwalks will form paths to maintain the ecologically sensitive undergrowth. A zip line will run through parts of the Jungle as a fun activity to bring people closer to the forest.
丛林的天际线顺应整个场地的天际线变化。丰富的植被种类营造了一个特别的场所，提供给人们独特的空间感受，抬高的林间木栈道充分尊重丛林的自然生态性，高空滑索为人们提供了一种刺激的娱乐活动，同时也增进了人们与自然接触的机会。
College of Architecture and Urban Planning, Tongji University
NO.02

(b)

图 8-2 惊奇、节奏、舒适（Riddle · Rhythm · Release）（续）

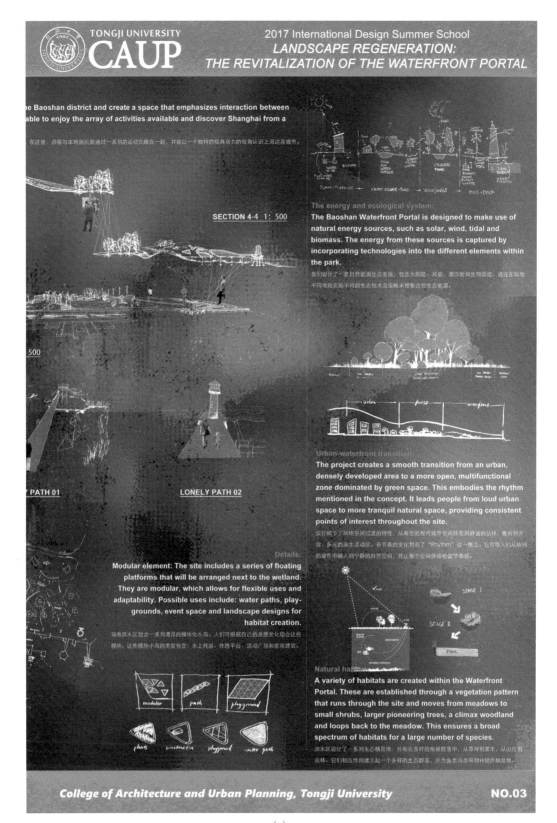

(c)

图 8-2　惊奇、节奏、舒适（Riddle·Rhythm·Release）（续）

8.2 设计竞赛

8.2.1 课程定位

风景园林学科竞赛作为以竞促建、以竞促改、以竞促教、以竞促学的教学改革课程，面向三年级本科生开设，为风景园林专业实践环节的必修课程。课程旨在拓展学生学习的知识面，加强学习的主动性，培养学生系统而综合的规划设计能力，增强前沿意识和合作精神，提高学生的综合规划设计水平、创新思维和创新能力，进而锻炼学生面对风景园林学科前沿课题的观察问题、分析问题、解决问题的综合能力和创新思维。

8.2.2 课程教学目标与计划

设计竞赛的课程目标如下：

（1）培养学生对风景园林学科发展前沿趋势和行业发展走向的预测与判断能力，对风景园林学科竞赛主题的理解与演绎能力。

（2）通过分析课题、制定策略并根据竞赛课题与要求进行规划设计方案的编制，启发学生自觉培养发现问题、分析问题与解决问题的综合能力和素质。

（3）全面培养学生在课题规划设计过程中的创新思维与新技术应用能力，及善于合作、积极沟通、集体攻关等方面的能力（表8-2）。

表8-2 教学计划及进度表

时段	主要知识点及教学要求（了解/熟悉/掌握）	内容（课内/课外）	学时（课内/课外）	教学手段
前沿方向研判	了解学科发展的前沿方向，熟悉学科的历史与发展脉络，掌握预测与判断学科发展前沿趋势与行业发展走向的包括检索、分析、归纳、预测等方法、途径与技能	风景园林学科前沿	2/4	讲座、分组讨论
学科竞赛案例解析	了解国际风景园林学科竞赛的类型、要求、目标等，全面了解国际、国内风景园林学科竞赛获奖作品在创新思维、主题演绎、规划设计方法与手段等方面的学习点	风景园林学科竞赛案例分析	2~4/4~8	分组调研、集体讨论、讲座点评
主题分析与演绎	了解主题分析与演绎的方法，熟悉并掌握主题分析与演绎的基本技能、逻辑关系、落实手段等	风景园林学科竞赛主题演绎	2~4/4~8	分组策划、集体讨论、讲座点评
规划设计	在过程中熟悉、掌握并应用风景园林规划设计理论与技能	风景园林学科竞赛规划设计	18~22/36~44	个人或分组进行规划设计，指导教师定期指导

续表

时段	主要知识点及教学要求 （了解 / 熟悉 / 掌握）	内容 （课内 / 课外）	学时 （课内 / 课外）	教学手段
成果 表达	全面熟悉并掌握风景园林规划设计成果的表达逻辑与方法，并综合应用最新风景园林相关技术手段	风景园林学科竞赛成果表达	6/12	个人或分组进行规划设计成果表达，指导教师定期指导
合计			34/68	

8.2.3　考核、成绩评定方式

本课程采用如下灵活的考核方式：

1. 不同的竞赛，采用不同考核方式

根据国际、国内风景园林学科竞赛参加时间、要求人数等的不同，如同一年级学生参加不同的设计竞赛，由于竞赛复杂程度不同、选择题目不同、成果要求不同，则由教学团队根据复杂程度设置不同的难度系数，以难度系数和学生团队的完成情况进行评分，依照学生承担的任务情况给予不同的难度系数，团队得分按照系数分配给每位同学。

2. 相同的竞赛，采用统一的考核方式

如同一年级学生参加相同的设计竞赛，则采用统一的考核方式进行成绩评定。

3. 竞赛得奖成绩鼓励

参加国际风景园林学科竞赛得奖者，根据成绩名次给予一定的奖励系数，并计入团体与个体的最终成绩（表 8-3）。

表 8-3　考核组成表

考核形式（考勤 / 过程考核 / 考试等）	考核方式（期末考试 / 期中考试 / 平时成绩等）	考核内容	所考核的课程要求指标点	比重 （%）
考勤	平时成绩	出勤及课题表现	积极参与教学过程，主动参加竞赛课题讨论与各阶段学习	10
过程考核 1	平时成绩	案例分析	掌握案例筛选、分析组成内容及具体的分析方法	10
过程考核 2	平时成绩	主题演绎	掌握针对竞赛主题关键词分解、分析的方法，掌握对主题进行演绎的基本方法与技能，以及与风景园林规划设计手段的对应性	10
过程考核 3	平时成绩	规划设计	熟悉、掌握并应用风景园林规划设计理论与技能	40
过程考核 4	平时成绩	成果表达	能利用语言、图表、图片与媒体以及新型技术手段对竞赛成果进行表达，逻辑清晰，图面完整，并具有一定的创新性	20
过程考核 5	平时成绩	难度系数	采用 5 级制，根据竞赛课题确定	5
过程考核 6	平时成绩	得奖鼓励	1 等奖 5 分，二等奖 4 分，三等奖 3 分，优胜奖 2 分，鼓励奖 1 分	5
合计				100

8.2.4 教学环节与重点

教学环节中以设计方法的培养为主线，设计类型的具体设计方法为次线，不同环节重点不同（图8-3）。

图8-3 教学环节与重点

8.2.5 实践案例

1. 2020IFLA 大学生设计竞赛——矿区沃土

（1）实践档案

竞赛名称：2020IFLA 大学生设计竞赛

参赛题目：矿区沃土——榆林府谷矿坑利用规划

完成人：霍钧资、杨悦、秦若

年级与专业：2016 级风景园林

指导教师：李瑞冬

学校：同济大学

实践时间：3 年级第 2 学期（2020 年）

实践时长：9 周

（2）实践过程

1）案例解析与方向研判

前两周小组分工调研了近 15 年来 IFLA 获奖作品。经过对案例的研判和分析，小组发现近两年来的获奖作品大多将景观定位于人和环境之间的媒介。总体而言，这些案例从选址上对环境和社会问题的关注到方案设计上对时间过程的强调，虽然场地不都在城市，但思想上都符合景观都市主义，强调通过景观基础设施的建设和完善，将基础设施的功能与社会文化需要结合起来，强调景观是所有自然过程和人文过程的载体。

在学科价值观方面，关注人、社会和环境交互的问题，在宏观尺度上以景观视角协调人与环境的关系，注重科学性而非美观性。在设计方法层面，注重多层次的规划设计，同时注重生态学、社会学等多种学科交叉，并会对一些工程技术方法有所涉及，设计策略具有普适性和创新性。图面表达上，运用软件将信息科学清晰地表达，注重体现社会关怀（表8-4）。

表8-4 案例特征分析表

分析层面	特征总结
问题与选址	多着眼于较大的尺度，关注尖锐的社会或环境问题，并从生态、经济和社会三个角度出发，深入发掘场地现状，进行以问题为导向的概念方案设计
场地分析	在对场地的分析中，除了常见的区位、气候、经济、人口等方面内容外，相比于平时的课程作业，更加注重场地历史的分析与对场地问题的溯源，并通过图表加以清晰化的表达。比如 "Home for Mithi" 对孟买发展历史的叙述和表达，一方面增加了景观规划的叙事性，另一方面可从更为宏观的角度看待问题。在分析和表达方法上，获奖作品均或多或少地运用了 GIS 等科学且清晰的分析方法，如 "冰与火之歌" 运用 GIS 所做的径流分析。此外，图纸都运用很多社会类的新闻图片通过拼贴表达对社会与人文的关注
设计策略	在设计策略上，通常分为三个层次： 1）从生态、经济、社会三方面问题出发的总体策略，从宏观上协调自然和社会的关系； 2）将总体策略分为几个不同的方面进行深化拓展； 3）在更小的尺度进行关键的节点设计，这一步往往是方案的核心创新点，具有模式化和可推广性的特点，往往会利用模型加以说明； 此外，设计策略常常与多种学科相结合，例如生物学、地质学等，也会利用很多工程技术解决问题
未来展望	除了常规的效果图表达外，获奖方案无一例外都表达了方案在未来几十年内与环境的交互过程，景观设计影响和改造环境，环境也影响和改造着景观设施，设计的景观在时间中逐渐成为原生环境的一部分，这种包容性正是景观的优势所在

2）主题分析、演绎与设计

针对 2020IFLA 大学生设计竞赛主题，经由案例分析与研判，小组讨论决定将主题聚焦于大面积采矿导致的一系列生态、经济和社会问题的解决上，提出矿区沃土的主题。其后经由选址与目标确立、场地分析、工程技术学习等阶段，提出具体的规划设计策略（表8-5）。

表8-5 实践阶段与过程表

实践阶段	实践过程
选址与目标确立	小组将场地选定于榆林市府谷县神府煤田的一部分，关注采矿导致的一系列生态、经济和社会问题。目标为利用地表强制崩落法处理采空区，在处理后的矿坑和已存的废弃矿坑中修建沉沙池，引流河水，改善黄河泥沙淤积的同时涵养水源，补充地下水，改善生态环境，补充耕地资源。干旱时蓄水，洪涝时储水，同时借此发展农业、渔业和旅游业，改善榆林产业结构
场地分析	1）分工对榆林市地质、生态、产业社会和政策等方面进行调研，同时对矿坑修复和治理案例进行学习研究； 2）分类分析矿区的类型、特征、存在的问题；

续表

实践阶段	实践过程
场地分析	3）利用 GIS 等对场地进行图解分析； 4）对场地地形、地下水、地质构造、产业结构、人口等进行多层面分析； 5）分析总结解决的问题，确定目标导向
工程技术 学习	对工程技术方法的学习研究，包括地面沉降与地面塌陷的成因与解决办法、采空区治理方法、黄河泥沙治理方法等
规划设计 策略与 布局	1）生态环境修复策略：地表径流调节、地下水自然补充、生物多样性建构、绿化植被修复等； 2）产业格局调整：果、林、渔产业导入，旅游业植入； 3）矿坑向沃土的转变：规划设计布局

（3）竞赛成果（图8-4）

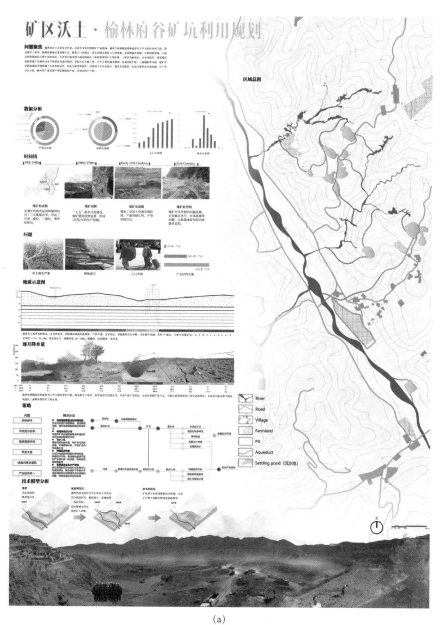

图 8-4 竞赛成果图
(a) 成果图（一）

(a)

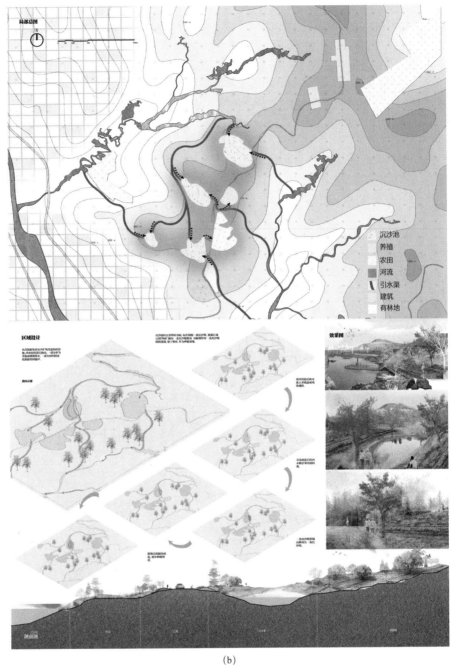

图 8-4 竞赛成果图(续)
(b) 成果图(二)

(4) 竞赛感想

通过此次对国际竞赛的尝试，具有如下较多的收获。

首先，第一次通过小组合作的方式，完成了从选题到出图的全部设计流程，一方面对小组合作的工作方式更加熟练，增长了解决小组合作中产生各种问题的能力，大家的协调和配合更加和谐。另一方面小组内个体安排工作流程，协调工作进度，也是对设计能力和统筹规划能力的极大锻炼。

其次，第一次自主完成选题，在选题的过程中，不断试图用景观的视角观察生活，发现问题，极大地提升了专业素养。在此过程中，也对风景园林专业有了新的认识，其可以在更为宏观的角度试图协调人和环境的关系，缓和社会和生态的矛盾，虽然对于景观规划是否真的可以实现那样了不起的作用还有所怀疑，但这会是一个方向，今后会更多地观察景观与人和环境的关系，也许自然产生的景观就在不久的将来。

最后，在设计表达上学习了新的方法，学会了在宏观视角下进行设计表达。

总之，受到疫情的影响，本次竞赛是一次虽然困难重重，但新奇又值得的学习体验过程。

2. 2020IFLA 大学生设计竞赛——梯度走廊、时空连接器

（1）实践档案

参赛题目：上海虹江路电子音响市场区域性城市设计

完成人：苏榆茜、肖雨荷、卢睿瑶、韩子玉

年级与专业：2016 级城乡规划、风景园林

指导教师：李瑞冬

学校：同济大学

实践时间：3 年级第 2 学期（2020 年）

实践时长：9 周

实践内容：该小组由 3 位城乡规划专业学生与 1 位风景园林专业学生组成，结合 2020IFLA 大学生设计竞赛主题，选择上海虹江路电子音响市场区域为基地，尝试从规划与景观的融合去探索该基地的发展策略与途径，践行景观都市主义的理念。但由于疫情、升学、专业变动等多因素原因，该小组未能最终完整的完成一个集体作品，但是大家都在继续教育申请中对这一主题进行了延伸，并完成了自己的设计。一位申请计算设计专业的同学着眼于"未来时态"，探讨未来技术如何辅助城市设计；一位申请建筑专业的同学着眼于如何将原有场地的建筑原型进行提取，并打造具有双重身份的建筑空间；一位申请城市设计专业的同学主要探讨如何通过模块化的手法，以营造开放社区为目标，在延续城市肌理的基础上形成具有记忆感的城市社区。

（2）实践过程 1——梯度走廊

1）问题与选址

针对本次 IFLA 竞赛主题——未来时态的城市景观，小组聚集在信息技术冲击下逐渐衰败的城市空间，并思考如何在未来延续该地区社会文化。基地选择上海市中心区即将拆迁的虹江路电子音响市场，关注于互联网冲击下衰败的商业空间，深入挖掘地区历史与特色文化，利用新技术塑造景观空间，进行以影音文化为导向的概念方案设计。

2）场地分析

整个区域的场地具有历史叠合的状态，从宝山路地铁站（原淞沪旧站）为起点，以四川北路公园绿地为终点，从西南方向东北方，呈现出从旧到新的肌理、记忆叠合状态，这一点是设计由始至终的线索和依据。

3）设计策略

在城市发展的过程中总是存在两个极端：一是不断推翻和重建城市，二是为纪念过往而保留或者再建的古建筑，为什么两者不能共同发展？如果按照景观都市主义的特征和理念，城市本身即是一个景观体系，建筑是其中的一个要素，我们试图去用景观的手法，最终去回归一个城市问题。

在设计策略上，首先参考伯纳德·屈米（Bernard Tschumi）对于拉维莱特公园的方法，以场地中最大的室内音响市场为对象，分为室内空间、室外空间以及介于二者之间的半室内半室外空间，将此建筑物分解，分散到场地之中，通过这一手段保留场地的部分原真性。

设计提出对于整体场地布置，从点、线、面三个层次进行布局。

"线"是通过研究场地周边的肌理，取公园的空间流线组织手法叠印于自周边延伸的里弄肌理之上，产生景观与城市之间的对话。

"点"是指在空间节点上，通过模块化满足基本居住功能的同时，给以用户一部分的自由空间，在这些空间内，他们可以根据所需自发植入功能，比如小店铺、工作坊、画室展厅等。提取过去的主要空间元素，进而形成人们对过去或未来的记忆宫殿，在其中人们可以选择性地进行活动，唤回场所记忆。

"面"是指在此基础上对于场地内部形成具有时空演变的分区形式，植入不同的功能需求。

方案给出了未来零售业的一种可能性，即景观的、自由的、可更新的城市发展模式。

4）未来展望

在展望未来方面，我们对于具有时空高度压缩的未来背景下为何需要线下零售场地进行了思辨，认为该场地的未来潜力在于"体验性"。因此在设计中通过融入科技元素如增强现实（AR）、虚拟现实（VR）等增强真实空间的现实体验性。

5）总结

总体而言，从选址到方案生成上都强调了该地区的历史记忆。通过景观基础设施的建设和完善，将功能与城市的社会文化需要结合起来，使当今城市得以建造和延展，进而形成一个生态体系。设计强调景观是所有自然过程和人文过程的载体，寻求未来具有现代主义特征的商业建筑如何参与到城市生态建构过程中的途径与策略。

6）实践成果（图8-5）

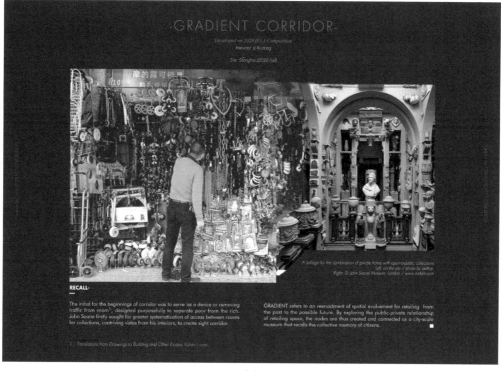

(a)

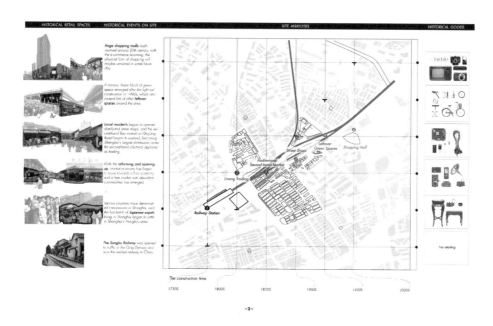

(b)

图8-5 竞赛成果图
(a) 设计概念；(b) 基地分析

01.2. gradient corridor

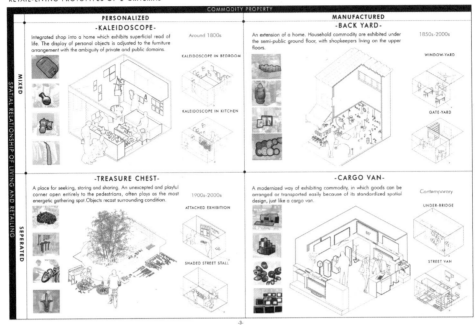

(c)

01.3. gradient corridor

(d)

图8-5 竞赛成果图（续）

(c) 居住与商业空间分析；(d) 规划策略

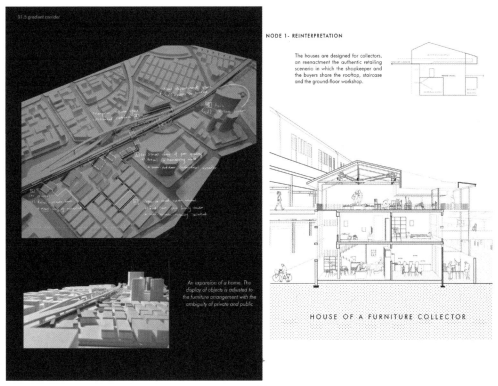

图 8-5 竞赛成果图（续）
(e) 总体布局；(f) 节点设计（一）

01.6. gradient corridor

NODE II- IMPLANTATION

The second node is based on the existed Linong housing. Proposal encourages the shopkeeper demolish the wall alongside the corridor, or to install retail furniture kit in back yard, outside the kitchen.

Break original wall　　*Living unit*　*Retail Furniture*

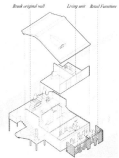

VIEW OF BACKYARD

NODE III- FUSION

This node encourages certain preservation towards remained pieces of street retails that are to be demonished. Steel strcutures enable a qiuck build on site as well as the retail furniture kit that can be easily assembled

Original Left Piece of wall　　　*2 scenerios*

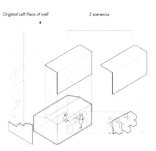

-7-

TWO SCENERIOS INSIDE THE VENDORS

(g)

NODE IV- ATTACHMENT

Bridge vendor is attached to the existed infrastructure that cut the site thoroughly. It connects the leftover greenspace, avoids heavy traffic on road and provides a lifted city view that made people, nature and strcture close to one another.

Beneath the Railway　　*Connect greenlands*

VIEW FROM THE CORRIDOR

NODE V- ISOLATION

This node encourages certain preservation towards remained pieces of street retails that are to be demonished. Steel strcutures enable a qiuck build on site as well as the retail furniture kit that are easily asembled for small products.

VR set

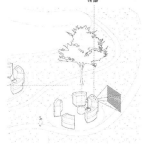

-8-

OPEN AREA

(h)

图 8-5　竞赛成果图（续）

(g) 节点设计（二）；(h) 节点设计（三）

（3）实践过程 2——时间连接器

1）问题与选址

基地位于上海市宝山区与静安区的交界处，原淞沪铁路区域，现在的虬江路电子市场。该市场在 2019 年被宣布拆除，引发了一系列社会讨论，支持者认为该地区存在安全隐患，严重影响城市景观，反对者认为该场地承载了几代人的记忆与情感。这一社会话题引发小组的兴趣，最终将"如何在未来打造一个能唤回集体记忆的城市景观"作为设计问题。经过几次小组讨论，将"连接人的记忆情感"这一较为抽象的设计思考提炼为我们的设计主题，即"时空连接器"，以此来连接城市的记忆、情感与文脉。

2）场地分析

在确定了大致方向后，小组首先分工对该场地历史、生态、社会等方面进行研究，同时对售卖物品、售卖方式等细节也进行了调研。

目前场地之中存在着几个问题，这也是场地建筑即将被拆除的主要原因：① 机动车非机动车行人混行；② 内部功能凌乱；③ 私搭乱建严重；④ 安全隐患大。同时，此地块的特殊性，也是很多人提倡保留的原因是：①有大量兼居民与商贩的原住民；②买家已经将此地视为结识有相同兴趣爱好的发烧友的交流场地；③物品在别处无法买到。

因此，该方案定义了一种散点的、均质的新型售卖空间分布方式，探讨景观能否成为城市空间的凝结剂，让居民在商人和居住者两重身份中自由变换的同时，营造良好的空间品质，打造城市的可持续发展。

3）竞赛感想

通过这次竞赛我们都有很大的收获。

首先 4 位同学中有 3 位是在读的城乡规划系本科生，起初我们曾担心过是不是适合参加一个景观的景赛，但经过指导老师的解惑，我们意识到景观和规划存在众多相通之处，其中最大的一点是两者都在通过较为宏观的眼光和视角去看待和试图解决问题，这些年国际上已在渐渐地通过景观的手法去解决城市问题，景观都市主义也越来越受到重视。

其次，因为疫情、学业、继续教育专业选择以及出国留学等因素的制约，我们最终没有能够完整的完成一个集体作品，但是大家都在过程中结合自己的兴趣发展了对这一主题竞赛的进一步延伸。

最后，很感谢老师和各位同学之间的团结合作，竞赛是一次学习，无关乎结果，对我们而言这更像是一种实验，但打开了更广阔的思路和眼界。

（4）实践成果（图 8-6）

01
Time Connection

Spring 2020
Instructor : Li Ruidong
Area : 6.75ha
Site : Shanghai Qiujiang Road Market
Team work

Faced with the impact of the Internet of Things technology, the memories of generations of Shanghai residents - the second-hand market is gradually declining and is about to be demolished.

In the upcoming urban parks, how to maintain the continuation of the regional context, use space to convey emotions, and provide new technologies to extend memoriesare are currently the urgent needs of the rapid development of the city.

The design provides a conceptual park in the new era by extracting important memory elements and combining the surrounding conditions of the area to respond to the needs of the local people.

(a)

(b)

图 8-6　竞赛成果图
(a) 设计概念；(b) 基地分析

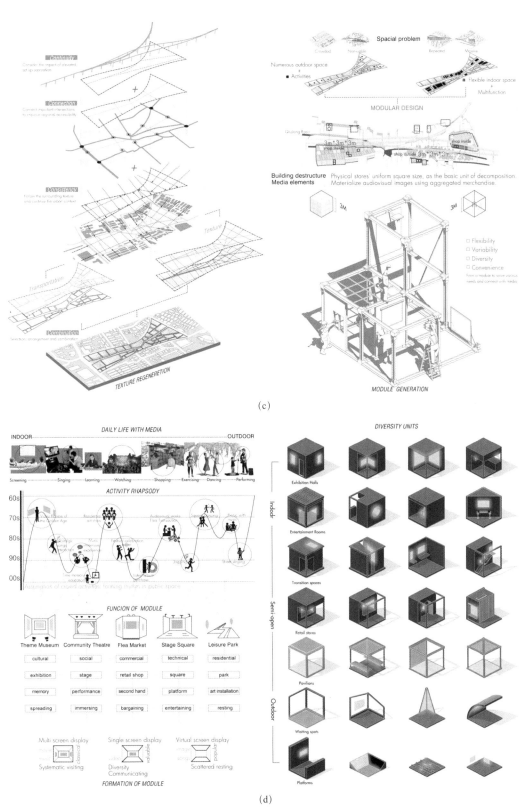

图 8-6 竞赛成果图（续）

(c) 设计策略（一）；(d) 设计策略（二）

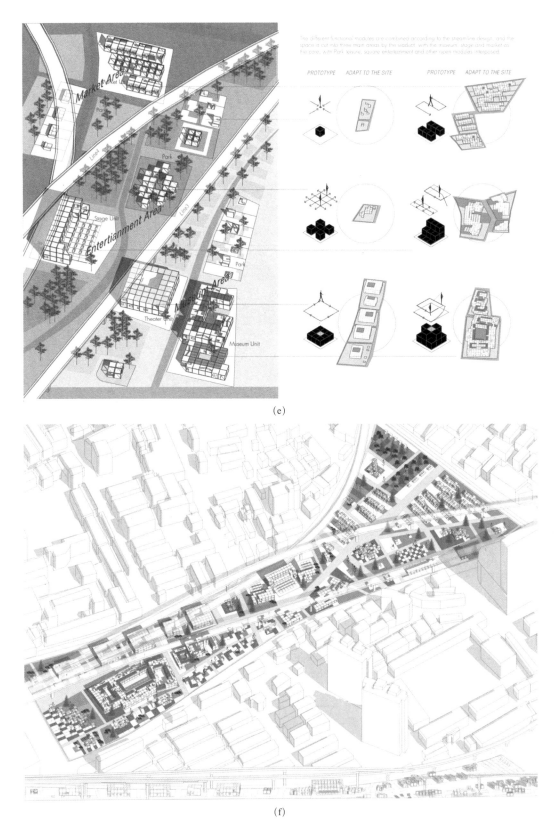

图 8-6 竞赛成果图（续）
(e) 设计布局；(f) 总体效果

第 9 章

实践教育教学基地建设

实践教学基地的类型
实践教学基地的建设标准
实践教学基地建设的发展趋向

除了学校课堂学习外，校外的实践教学基地不仅是专业教学的重要教学场所，也是本科生培养时数较长的教学环节，实践教育教学基地的建设对风景园林专业本科生培养具有如下意义。

1. 通过教学基地建设带动专业教学的全面提升

风景园林作为一门实践性极强的专业，实践教学基地的建设一方面为学生提供了实习实践的空间与场所，也为课堂教学提供了真实的实践课题，同时基地代表充分参与风景园林课程教学尤其是设计类课程的调研、评图、讲座、交流、现场参访等多种教学活动，可推动课堂理论教学与实践教学的有机整合和串联，推进实践教学链的形成，全面提升理论与实践教学的形式、内容和方法。

2. 通过教学基地建设探索多样化的教学模式

教学基地建设突破了课堂教学这种单一的教学模式，将风景园林专业教学拓展外延，探索出多种类型的新型教学模式，如"驻场式教学模式""介入式实践教学模式""校企互派代表学习交流模式""共享平台网络教学模式"等多种类型的教学模式。

3. 通过教学基地建设为学生提供全过程的实习实践空间

风景园林专业具有范畴广、涵盖内容多、技术类型复杂等特点，其既包括了风景资源的保护与利用，也包括了风景园林空间的规划设计，同时涵盖了风景园林空间的建设管理和后期运营维护。为了培养学生对风景园林内容的全过程知识与能力，教学实践基地在选择上力争涵盖包括规划设计实习基地、传统园林设计与营造基地、风景区规划设计实践基地，景观管理与社会实践基地、大型公共空间运营与规划管理基地、乡村景观与传统聚落景观研究实践基地等多种类型，让学生在不同实践教育阶段能选择相对应的教学基地进行针对性培养，从而培养学生的全过程实践能力。

4. 通过教学基地建设建立校企共赢的合作模式

实习基地的建设一方面基地为学校提供了实习实践的课题、场地与空间，提供了一定的校外师资资源，另一方面学校也为教学基地提供人才培养、志愿者、讲座、培训和现场参访等多种服务和活动。从学校教学和企业效益两方面来讲，双方可建立共赢、共享的合作模式。

9.1　实践教学基地的类型

从风景园林专业核心范畴、知识领域、从业范围来看，其主要集中在风景园林资源保护与利用、风景园林规划设计、风景园林管理建设等三个主要层面。

根据风景园林专业的培养需求，学生在实践教学基地应获得以下知识和技能。

（1）了解国内外风景园林理论与实践的前沿与发展动态；掌握园林植物应用、风景园林规划与设计、生态区域规划与设计等基本理论。

（2）掌握园林植物应用（栽培、繁育、养护管理及应用）、园林植物配置与造景、各类园林绿地规划与设计、园林工程设计、城市绿地系统规划、风景名胜区保护与规划、森林公园保护与规划、生态区域规划的基本知识和技能。

（3）具备综合运用国内外先进文化和艺术原理、设计理论和植物材料进行规划设计的能力。

（4）熟悉我国园林绿化、风景名胜区、森林公园、自然保护区、环境保护、森林与国土资源管理等有关方针政策和法律法规。

（5）掌握和应用风景园林工程施工技术、施工管理与施工监理相关的知识。

结合同济大学多年的风景园林专业培养计划，截至2019年，同济大学景观学系已经建设了4大类实践教学基地共计23家，不仅为学校提供了广大的实践空间、教学课题及实践师资，也大大拓展了师生的实践教学范畴，可为其他院校实践教学基地建设提供一定的参考（表9-1）。

表 9-1 同济大学风景园林专业实践教学基地建设情况表

序号	基地大类	单位名称	基地特色
1	资源保护与利用类	上海方塔园	上海方塔园建设为园林景观空间和材质认知、观察、研究基地： 1）研究：方塔园历史园林梳理与评价、智慧公园管理研究等工作； 2）设计：同济大学参与方塔园园区管理建设的规划设计工作及顾问工作； 3）活动：同济大学师生参与相关的活动如展览展示、志愿者服务等
		上海植物园	上海植物园建设为同济大学城市植物和生态认知、观察、研究基地： 1）调研：社会公众对植物园景观期望和现状评价； 2）建议：梳理植物园未来景观空间发展趋势并提出合理化建议； 3）设计项目：同济大学师生参与植物园各类花展活动、园区改造建设的规划设计工作； 4）活动：同济大学师生参与相关的活动如展览展示、志愿者服务等
		上海世纪公园	建设为城市中心城区大型园林景观空间和材质认知、观察、研究基地： 1）研究：公园创建智慧公园管理研究等工作； 2）设计：同济大学参与园区管理建设的规划设计工作及顾问工作； 3）活动：同济大学师生参与相关的活动如展览展示、志愿者服务等
		上海辰山植物园	辰山植物园建设为同济大学植物和生态认知、观察、研究基地： 1）调研：社会公众对辰山植物园景观期望和现状评价； 2）建议：梳理辰山植物园未来景观空间发展趋势并提出合理化建议； 3）设计项目：同济大学师生参与辰山植物园各类花展活动、专类园改造的规划设计工作 4）活动：同济大学师生参与相关的活动如展览展示、志愿者参与等
2	规划设计类	同济大学建筑设计研究院（集团）有限公司	1）基地建设：办公空间和项目工地建设为建筑环境设计、现场教学基地； 2）为同济大学师生提供参访现场讲解、联合推进课堂现场教学、评图、沙龙及论坛会议等工作； 3）合作开展建筑与景观研究工作

续表

序号	基地大类	单位名称	基地特色
2	规划设计类	上海同济城市规划设计研究院	1）基地建设：办公空间和项目工地建设为景观规划设计、现场教学基地； 2）公司为同济大学师生提供参访现场讲解、联合推进课堂现场教学、评图、沙龙及论坛会议等工作； 3）合作开展景观规划设计研究工作
		上海园林设计院	1）基地建设：办公空间和项目工地建设为园林设计、现场教学基地； 2）公司为同济大学师生提供参访现场讲解、联合推进课堂现场教学、评图、沙龙及论坛会议等工作； 3）合作开展上海城市公园研究工作
		东联集团	1）基地建设：公司景观办公空间和项目工地建设为项目策划、景观规划设计、现场教学基地； 2）公司为同济大学师生提供参访现场讲解、联合推进课堂现场教学、评图、沙龙及论坛会议等工作； 3）公司和同济大学联合推进合作 Workshop 工作； 4）公司社会企业联合推动社区营造工作
		景域集团	1）基地建设：公司办公空间和项目工地建设为项目策划、旅游规划、现场教学基地； 2）公司为同济大学师生提供参访现场讲解、联合推进课堂现场教学、评图、沙龙及论坛会议等工作
		奥雅设计	1）基地建设：公司景观办公空间和项目工地建设为景观规划设计、设计现场教学基地； 2）公司为同济大学师生提供参访现场讲解、联合推进课堂现场教学、评图、沙龙及论坛会议等工作； 3）公司和同济大学联合推进合作 Workshop 工作
		奥雅纳	1）基地建设：ARUP 奥雅纳办公空间和项目工地建设为规划设计、设计现场教学基地； 2）奥雅纳为同济大学师生提供参访现场讲解、联合推进课堂现场教学、评图、沙龙及论坛会议等工作
		广亩设计	1）基地建设：公司景观办公空间和项目工地建设为规划设计、设计现场教学基地； 2）公司为同济大学师生提供参访现场讲解、联合推进课堂现场教学、评图、沙龙及论坛会议等工作； 3）与同济大学景观学系在相关领域开展系列合作研究工作，如智慧景观、参数化设计、海绵城市、遗产景观等，与老师、学生建立互动和交流机会
3	建设管理类	十方园林	1）基地建设：公司苗圃和项目工地建设为景观材料、工程实施实践基地； 2）为同济大学师生提供参访现场讲解、合作园林景观材质库的建设等工作
		北斗星工程公司	1）基地建设：北斗星苗圃和项目工地建设为景观材料、工程实施与园艺实践基地； 2）北斗星为同济大学师生提供参访现场讲解、合作材质库的建设等工作；
		上房园艺	1）基地建设：上房园艺梦花源苗圃和项目工地建设为园艺植物、景观材料、工程实施实践教学基地； 2）上房园艺为同济大学师生提供参访现场讲解、植物材质库特别是花境植物库的建设等工作

续表

序号	基地大类	单位名称	基地特色
3	建设管理类	溢柯园艺	1）基地建设：溢柯城市花园和店铺建设为园艺设计、景观材料、工程实施实践教学基地； 2）溢柯园艺为同济大学师生提供参访现场讲解、植物材质库特别是小花园、屋顶绿化的建设等工作； 3）合作开展园艺设计类教育培训工作
		杭州西湖风景名胜区	1）研究：园区管理研究等工作； 2）设计：同济大学参与园区管理与建设的规划设计工作及顾问工作； 3）活动：同济大学师生参与相关的活动如展览展示等； 4）基地建设：建设为植物与文化景观认知、测绘、规划设计、研究综合基地
		上海世博后滩源管理有限公司	1）基地建设：后滩源及相关区域建设为景观规划与城市设计、景观都市主义现场教学基地； 2）公司为同济大学师生提供参访现场讲解、联合推进课堂现场教学、评图、沙龙及论坛会议等工作
		上海世博管委会	1）基地建设：世博管委会区域建设为城市设计、景观都市主义现场教学基地，以公共空间的使用、管理等问题为导向，从建成环境的使用现状出发循环返回到规划设计的原点； 2）公司为同济大学师生提供参访现场讲解、联合推进课堂现场教学、评图、沙龙及论坛会议及其他合作研究等工作
4	综合类	长兴郊野公园前小桔创意农园	1）基地建设：建设为郊野乡土景观认知、规划设计、营造、研究基地； 2）研究：郊野公园管理研究等工作； 3）设计：同济大学参与园区管理建设的规划设计工作及顾问工作； 4）活动：同济大学师生参与相关的活动如展览展示、志愿者服务等
		嘉兴海盐塘净水公园私享家花园	1）基地建设：建设为中小城市农业景观认知、规划设计、营造、研究基地； 2）研究：二三线城市近郊农事公园管理、低成本设计研究等工作； 3）设计：同济大学参与园区建设的规划设计工作及顾问工作； 4）活动：同济大学师生参与相关的活动如展览展示等

9.2　实践教学基地的建设标准

针对"六卓越一拔尖"计划 2.0 对新工科培养标准，对接《华盛顿协议》、欧洲一体化教育体系以及未来的注册风景园林师制度等，配合风景园林教学培养教学环节及教学内容，实践教学基地的建设标准主要分为教学质量、教学过程、教学条件、保障体系四个部分。

9.2.1　教学质量

配合学校教学，实践教学基地在教学质量上主要集中在知识、能力与素质三个层面。

其中知识方面着重体现在知识的应用方面，如风景园林规划、设计及研究相关理论与方法的应用、风景园林植物应用、景观生态学相关理论知识的应用、风景资源保护、发展、管理等方面的相关理论与方法的应用等，以及相关风景园林规划、设计、管理等的法律法规的执行情况等。

能力层面更注重对风景园林规划设计、资源保护与利用、风景园林工程建设、风景园林管理维护等方面的实际操作与应用能力，如能够有效提升学生对风景园林工程技术流程与方法的掌握，提高风景园林规划编制与设计的能力，培养风景园林管理的基本能力以及独立从事科学研究基本能力等。

素质层面主要体现在对风景资源系统观、辩证观、层次观、开放观、动态平衡观等对待风景资源的专业素养的培养；生态文明下维护环境的可持续发展、守护风景园林资源等专业责任感的建立；以及敬业、诚信、遵守公平公正的职业道德、维护职业的尊严和品质等方面的基本职业规范和职业道德的培养等方面。

9.2.2　教学过程

1. 培养方案与教学文件

（1）能有效履行风景园林实践教育确定的基本培养方案。

（2）能根据发展需求（及教学评估建议）更新培养方案。

（3）各种教学文件，包括教学大纲、教学流程、教学组织等记录完整，具有可追踪性。

2. 教学管理

（1）能认真执行联合培养方案。

（2）保证教学质量的各种规章制度完备，并能贯彻执行。

（3）档案齐全，管理良好。

（4）各教学环节考核制度完备，并严格执行。

3. 教学实施

（1）能根据培养方案，确定具体实践教学培养计划与教案。

（2）内容充实，教学环节安排合理，教学课题选择能反映学科的发展方向及社会需要。

（3）教学方法多样化，具有启发性和开拓性，注重培养学生的独立工作和综合运用各种知识的能力。

（4）实践教学涉及的各种资料、设备能充分利用。

4. 职业实践

能满足风景园林教学培养在资源保护与利用、规划与设计、建设与管理等任何一个层面的实践教学需求，开展一定的教学活动和能提供一定的教学实践项目，并有明确的要求和严格的考核。

9.2.3　教学条件

1. 实践型师资

教学基地需配置与本教学基地所完成教学目标相匹配的一线实践型教学师资（如设计师、工程师、管理人员等），并能够胜任教学工作（具有一定专业水平、并有一定的实践经验）

2. 教学资料

具备能满足教学要求，种类与基地专业工作范畴相关、齐全、质量较好的资料。

3. 教学设施

教学课件、设施等能满足教学及科研工作的基本要求。

4. 教学经费

结合实际课题，最好能够落实部分教学经费，以保证教学工作的正常进行。

9.2.4　保障体系

从风景园林专业实践教学基地的保障体系来看，其主要包含教学组织与安排、人才建设、教学评估等三个层面。

1. 教学组织与安排

从教学组织上看，需严格按照教学计划和教案执行，但实践教学基地由于受工作环境、实践项目进度等方面的影响，在执行上容易发生偏差。为此，需要对基地的教学组织与安排进行框架性确定，以便能有效完成教学任务。

在教学组织上，为了适应"六卓越一拔尖"计划 2.0 的培养要求，突出新工科对工程实践能力培养这一重点。实践基地教学组织应以"风景园林工程实践"为主线，教学组织安排均围绕该主线开展。为此，教学组织框架的目标需紧紧围绕是否达成风景园林工程实践（资源管理、工程规划设计、工程建设与管理等）能力的培养准则而确定。

2. 人才建设

随着"六卓越一拔尖"计划 2.0 的推行，"双师型"（既是教师又是风景园林工程师）师资队伍的建设将是今后发展的趋势和主要方向，一方面需要在校教师加强风景园林工程实践，也需要引进或邀请在风景园林规划设计、建设、监理、管理、维护等部门或单位中主持或从事过一定风景园林建设项目经验丰富的实践人才，使之成为师资队伍的主要组成部分。而当注册风景园林师制度推行时，更应形成高校与规划设计单位的师资交流和轮换制度，真正做到开放式办学，以确保"卓越计划"下的风景园林专业实践教育培养计划的实施。

实践教学基地作为高校与用人单位的链接纽带，在人才培养方面可为"双师型"师资队伍的建设提供较好的平台。

3. 教学评估

在教学评估上，实践基地教学质量的评估应主要集中在风景园林工程实践能力与实践成果两个方面，前者是对日常教学培养成果的评估，后者是对培养结果的评估。

9.3 实践教学基地建设的发展趋向

从目前实践基地建设后的运行反馈来看，其具有如下几方面的发展趋向。

1. 拓展领域与圈层，建立不同兴趣点的校企合作

各个基地均希望风景园林本科专业能开拓规划设计的其他领域和圈层，尝试不同兴趣点的校企合作，如当前风景园林新的类型、工作模式的转型和变化、智慧景观、参数化设计、海绵城市、遗产景观等，均可与校内教师、学生建立互动和交流机会，为学生提供平台，针对学生的特长，引导学生个人思考，发现自己的兴趣点所在，进而建立以领域、圈层和关注兴趣点为纽带的校企合作关系。

2. 落实供需关系，产生实质性的合作

几乎所有教学基地均希望通过落实双方的供需关系产生实质性的合作，成为专业培养真正的教学实践基地，而非只是如同部分院校建立的本科挂牌式教学实践基地。于是，就需要实践教育在教学计划制定、教案落实、实践时间确定、内容组织等方面能与教学基地对接，如让学生在参与实际工程规划设计建设的过程中了解风景园林实体空间的形成过程、通过认知、参观、考察、测绘、展览等活动提供实践机会来强化对植物、水体、地形、构筑物、小品等风景园林要素的认知与掌握，通过调研与基地教师的讲解感知风景园林设计的优秀案例等。而为学生提供切身的感知、认识和实际操作等均可通过教学活动的安排得以落实。

3. 通过基地以点带面，全面拓展风景园林的新型领域

目前风景园林专业本科培养的重点多关注于风景园林的规划设计，教学内容相对狭窄，通过教学改革和教学基地建设，以风景园林规划设计为原点，上下扩展，可全面拓展风景园林的新型领域。

建设于政府与管理部门的教学基地，以公共空间的使用、管理等问题为导向，可从建成环境的使用现状出发循环返回到规划设计的原点，从而促进师生规划设计思维的转变与提升。将园林景观融入社区、将园林设计与规划、建筑、管理相互融合，以及对区域景观进行修复等的相关探索，则可培养学生跨界的思路和理念。

那些关注园林与园艺工程的教学基地，不仅可为学生提供接触真实规划设计案例，甚至与客户接触的机会，同时也可为学生提供了解和掌握风景园林从设计到建成全过程的实践机会。而乡野类的实践教学基地，将都市农业、乡村发展与园林景观结合，在视野上从城市绿地建设进一步向农业和农村延伸，让生活在城市的学生走出城市，面向乡村，关注低造价、低成本、接地气的真实设计实践。

参考文献

[1] 教育部高教司."新工科"建设复旦共识 [EB/OL]. 中华人民共和国教育部.（2017−02−08）[2017−02−23].http：//www.moe.gov.cn/s78/A08/moe_745/201702/t20170223_297122.html.

[2] 教育部高教司."新工科"建设行动路线（"天大行动"）[EB/OL]. 中华人民共和国教育部.（2017−04−08）[2017−04−12]. http：//www.moe.gov.cn/s78/A08/moe_745/201704/t20170412_302427.html.

[3] 新工科建设指南（"北京指南"）[EB/OL]. 新华网.（2017−06−09）[2017−06−13]. http：//education.news.cn/2017−06/13/c_129631611.htm.

[4] "六卓越一拔尖"计划 2.0 启动大会召开：掀起高教质量革命 助力打造质量中国 [EB/OL]. 中华人民共和国教育部.[2019−04−29].http：//www.moe.gov.cn/jyb_xwfb/gzdt_gzdt/moe_1485/201904/t20190429_380009.html.

[5] 王佳，翁默斯，吕旭峰.《斯坦福大学 2025 计划》：创业教育新图景 [J]. 世界教育信息，2016（10）：23−26+32.

[6] 教育部高等学校建筑类专业教学指导委员会风景园林专业教学指导分委员会.风景园林专业高校实习环节基本情况调研报告（2020 版）[Z].

[7] 中国工程教育专业认证协会秘书处.工程教育认证标准解读及使用指南（2018 版）[EB/OL]. 中国工程教育专业认证协会.http：//www.ceeaa.org.cn.

[8] 李瑞冬.逻辑与诗意：工科风景园林本科专业教学探研 [M]. 上海：同济大学出版社，2019.

[9] 胡福明.我为光明日报撰写《实践是检验真理的唯一标准》的前前后后 [EB/OL]. 光明时政.[2018−12−19].https：//politics.gmw.cn/2018−12/19/content_32202221.htm.

[10] 教育部，中宣部，财政部，等.《教育部等部门关于进一步加强高校实践育人工作的若干意见》教思政〔2012〕1 号 [EB/OL]. 中华人民共和国教育部.（2012−01−10）[2012−02−03].http：//www.moe.gov.cn/srcsite/A12/moe_1407/s6870/201201/t20120110_142870.html.

[11] 李瑞冬，金云峰，沈洁.风景园林专业本科教学培养计划改革探索——以同济大学风景园林专业为例 [J]. 风景园林，2018，25（S1）：6−8.

[12] 李瑞冬.基于 KAQP 培养模式的风景园林本科专业教学体系研究 [D]. 上海：同济大学，2009.

[13] 李宝强.教学目标体系建构的理论反思 [J]. 教育研究，2007（11）：53−57.

[14] 刘滨谊.景观学学科的三大领域与方向——同济景观学学科专业发展回顾与展望 [C]// 全国高等学校景观学（暂）专业数学指导委员会（等），2005 国际景观教育大会学术委员会.景观教育的发展与创新——2005 国际景观教育大会论文集.北京：中国建筑工业出版社，2006.

[15] 刘滨谊. 风景园林学科专业哲学——风景园林师的五大专业观与专业素质培养 [J]. 中国园林，2008（1）：12–15.

[16] 刘滨谊. 对于风景园林学 5 个二级学科的认识与理解 [J]. 风景园林，2011（2）：23–24.

[17] 张启翔. 关于风景园林学一级学科建设的思考 [J]. 中国园林，2011（5）：16–17.

[18] 杜春兰. 风景园林一级学科在以工科为背景的院校中发展的思考 [J]. 中国园林，2011，27（6）：29–32

[19] 高翅. 国际风景园林师联合会——联合国教科文组织风景园林教育宪章 [J]. 中国园林，2008（1）：29.

[20] IFLA–UNESCO. IFLA–UNESCO Charter for Landscape Architectural Education[EB/OL]. http：//www.iflaonline.org/education/index.html.

[21] American Society of Landscape Architects（ASLA），Canadian Society of Landscape Architects（CSLA），Council of Educators in Landscape Architecture（CELA），Council of Landscape Architecture Registration Boards（CLARB），Landscape Architectural Accreditation Board（LAAB）. Landscape Architecture Body of Knowledge Study Report（LABOK）[R]，2004. http：//www.csla.ca/files/Education.

[22] 王燕. "理解性教学"的理念与实践 [J]. 上海教育科研，2014（2）：77–79.

[23] 庄严. 大学生实践教育指南 [M]. 哈尔滨：黑龙江大学出版社，2010.

[24] 魏明. 风景园林专业综合实习指导书——规划设计篇 [M]. 北京：中国建筑工业出版社，2007.